月季四季栽培Q&A

日本月季培育大师 [日]小山内健 / 著
光合作用 / 译

湖南科学技术出版社

'日和'
(HiYoRi)

序言

聆听月季声音，让月季栽培更快乐

月季让人看到就会产生幸福感。憧憬着这些花儿满园灿烂盛开的样子，即使心有困惑也会想要试着种种看——当看到它真的在自己的培育下开放，也许会由衷地感到亲切。

月季栽培最重要的是欣赏花，却又不忘照料它的心情。

不过即使开开心心种植，也总有"碰壁"的时候。

我经常从刚开始种月季的朋友那里收到这样的问题："花越开越小了""不抽新枝""叶片被虫吃了"…… 正是因为月季充满魅力，认真种植才会遇到各种各样的问题，感到迷惑的人也越来越多。

我的上一本书《玫瑰月季栽培12月计划》，主要传递以下理念："月季栽培最重要的就是快乐的心情"，以帮助那些想要尝试种植月季犹犹豫豫的新手，使植株"不生病、不枯萎、开满花"。

而本书将逐一解决月季栽培中的烦恼，希望大家会感慨"种月季果然很快乐啊"，这也是本书创作的初衷。

衷心希望本书能深入人心。

首先复习！

新手的

月季栽培 12 个月

首先复习一下月季种植的基础知识吧。

在此把月季分为多季节开花灌木月季和藤本月季两大类，简单介绍一年中每月需要进行的日常养护。

※本书中有按月份记载“复习要做的事”。用红色字体标注的参考页中有更详细的解说，请参考使用。

购买苗木，开始第一次的月季种植吧！

多季节灌木型

5月

月季花季到来，当年月季的第一次开花

主要工作

- 开完的花要“剪除”
- 开完一季花后，是进行移栽、定植的最佳时机

6月

生长最旺盛时期！新枝条伸长，充满活力

主要工作

- 剪短健康伸长的新枝，保持植株整体平衡
- 进行中耕（译注：浅层翻倒、疏松表层土壤）、除草、追肥
- 加强对病害、虫害的防治

7·8月

认真做好防暑对策，尤其要注意盆栽月季盛夏期的养护

主要工作

- 土壤表面变干后，需充分浇透水
- 放置场所的度夏对策

9月

通过夏季修剪和追肥，秋季就能开出绚烂的花朵

- 想花朵在秋季同时开放，就要进行夏季修剪
- 修剪后要追肥
- 强化病虫害的防治

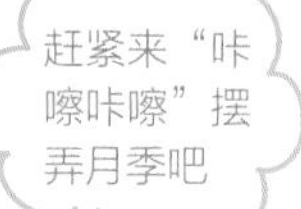

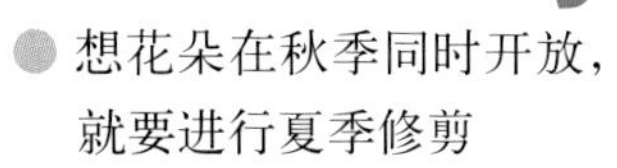

10月

月季秋花的季节来临，尽可能保留叶片

- 开完花后，轻度修剪

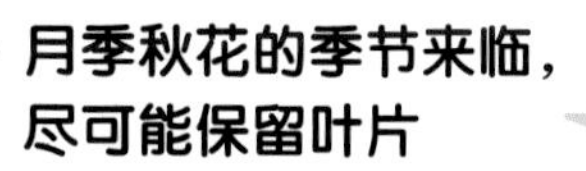

11月

慢慢享受月季秋花

- 可以购买大苗
- 大苗的定植

12·1月

休眠期。通过换盆更新植株

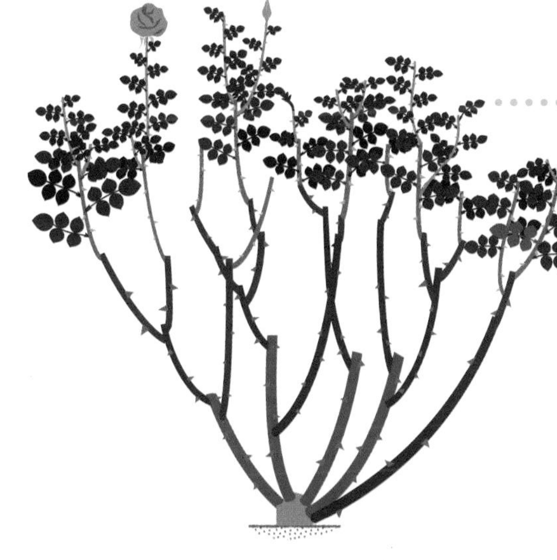

主要工作

- 控制浇水
- 严寒时期采取的越冬对策
- 盆栽月季进行换盆
- 今年最后的病虫害防治

2月

通过冬季修剪，让植株焕发新生

主要工作
- 修剪到整体高度的1/2~1/3程度

3·4月

开始生长。不断发芽现蕾

主要工作
- 照料好枝条顶端（3月）
- 盆栽月季注意不要缺水

购买开花植株，开始初次月季种植！

藤本月季

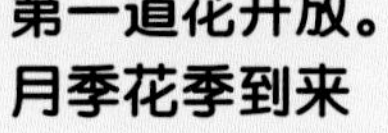

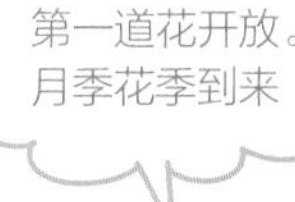

5月

第一道花开放。月季花季到来

主要工作
- 开完的花要“剪除”
- 本季花开完后，就是移栽、定植的最佳时机

6·7月

生长最旺盛时期。新枝伸长

主要工作
- 引导健康伸长的新枝
- 中耕、除草、追肥
- 强化病虫害的防治

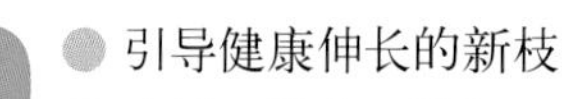

8·9月

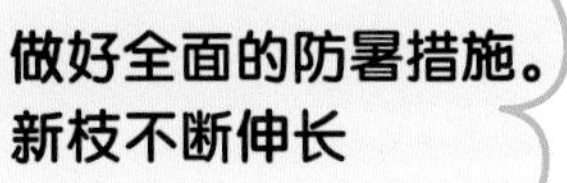

做好全面的防暑措施。
新枝不断伸长

主要工作
- 整理伸长的新枝
- 强化病虫害的防治

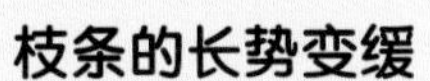

10·11月

枝条的长势变缓

主要工作
- 可以购买大苗
- 将大苗种在花盆或庭院里

12·1·2月

休眠期。牵引伸长的枝条

主要工作
- 控制浇水
- 牵引伸长的枝条
- 严寒时期采取越冬对策
- 强化病虫害的防治

3·4月

不断发芽，
长花苞

主要工作
- 中耕、除草、追肥
- 强化病虫害的防治

本书是《玫瑰月季栽培 12 月计划》的进阶版。它已经以种植月季 2~3 年的人为对象，把月季分为多季节开花的灌木月季和单季节开花的藤本月季，按月分别介绍种植过程中有代表性的困惑和疑问以及相应的回答和简单易懂的解说。

专栏的查看方法请参考如下说明。

盆栽适用　地栽适用　栅栏适用　拱门适用　爬藤支架适用

本月的月季
复习本月要做的事
本月的日常养护

《玫瑰月季栽培 12 月计划》中介绍过月季的每月生长状态、初学者也不会失败的栽培流程、浇水、追肥、病虫害对策、其他日常管理，在进入每月的 Q&A 之前，也为没有看过该书的读者作一个简单易懂的介绍。其他页面或每月详细解说，请翻看红字标注的参考页面。

1 如果购买开花植株
- □ 枝条粗、植株健壮
- □ 枝条多、株形大
- □ 叶片多、呈健康的绿色
- □ 无病虫害

2 开完花的修剪
- □ 剪短到较大叶片的上方
- □ 只留 3~5 片大而健康的叶片

3 移栽 换盆的诀窍
- □ 不要散开根坨
- □ 植株基部的嫁接结合点不要埋入土中

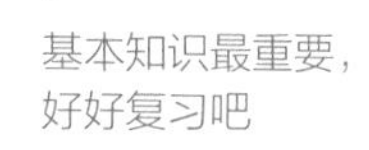

本月的 Q&A

（烦恼·疑问）

- 按照月份，介绍种植月季 2~3 年的朋友容易遇到的烦恼和问题。
- 提问内容一目了然，有分门别类的图标，很方便。
- 针对病虫害，按照春至初夏、盛夏、冬、早春这四个时期来介绍。

 = 开花　 = 夏季修剪　= 越夏

  = 生长　= 冬季修剪　 = 越冬

   = 移栽·种植　= 牵引·修剪　 = 病虫害

= 摘除残花·修剪

针对疑问提问，配合插图和照片，详细介绍原因和解决方法。

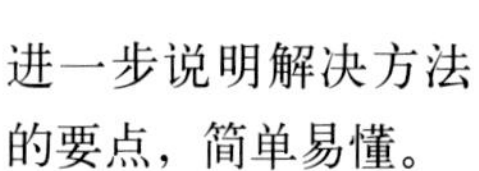

进一步说明解决方法的要点，简单易懂。

以《玫瑰月季栽培 12 月计划》中学的操作为中心，放入月季种植中需要掌握的基本知识。

注意

- * 本书的栽培方法、管理、操作的时机，是以日本关东地区以西的平地气候为标准。地域气候不同，月季的生长周期、管理方法均有不同，请选用与所在地区相适宜的管理。
- * 品种不同，生长周期、管理方法会有不同。
- * 使用药剂时，请选择适用于月季病虫害防治的商品。是否适用，在药剂包装背面有记载，请在购买或使用前仔细确认。
- * 喷洒药剂时请穿长袖衣服，戴上手套、口罩和护目镜，事先告知周边邻居后再开始。也要注意喷洒时的风向。
- * 喷洒药剂后要漱口，仔细清洗手和脸。
- * 根据种苗法，禁止将已做种苗登记的品种以转让、销售为目的擅自繁殖。在进行扦插等营养繁殖时，请事先做好确认。

目 录

Part 1 多季节开花灌木月季的栽培方法 Q&A

'小春'(Koharu)
摄影 今井秀治

Part 2 藤本月季的栽培方法 Q&A

病虫害烦恼 Q&A

盲点・栏目

Part 1

多季节开花灌木月季的栽培方法

Q&A

从春季到晚秋能多次开花的灌木月季。刚买来时，它开出美丽的花朵。然而几年后，“花开得不理想”“没有健康的新枝”等问题出现，很多疑问也油然而生。在此将大家都容易遇到的问题，按照月份进行总结，并介绍相应的解决方法。

5月 “不着急，慢慢来”是月季美丽盛开的诀窍

‘陆萤’
（RIKUHOTARU）
月季‘香饰’（KAO-RIKAZARI）的芽变。奶油色基调上增添杏粉色的杯状莲座型花。花朵丰盛，易种植。花朵直径7~8cm，株高1.0m，强香。

不论多季节开花还是单季节开花的月季都一齐盛放，这是仿佛梦境般美丽的季节。

终于能与心仪的月季照面了，这个机会绝对不能错过！

5月的月季

今年初花（第一轮花）即将依次开放。虽然每朵花开完后要摘掉（摘除残花），尽量在开花茂盛期慢慢欣赏开放的美丽花朵。月季在花期里，为了开花需要消耗很多营养，植株生长会变得很缓慢。花期结束后，剪除残花能让新枝叶不断萌发。真正的月季种植从此时开始。

首先欣赏花朵吧。开完花后，剪短到合适高度

5月要确认这些内容！

1 如果购买开花植株

- □ 枝条粗、植株健壮
- □ 枝条多、株形大
- □ 叶片多、呈健康的绿色
- □ 无病虫害

开花植株

带花朵或花蕾的植株。好好观察花开的模样吧。适合初学者

2 开完花的修剪

- □ 剪短到较大叶片的上方
- □ 只留 3~5 片大而健康的叶片

3 移栽 换盆的诀窍

- □ 不要散开根坨
- □ 植株基部的嫁接结合点不要埋入土中

不要太紧张，先好好欣赏花朵吧

本月的日常养护

浇水	表层土干燥后，充分浇水，直到水从盆底流出为止。 先不浇水。浅挖土壤后发现里面都干了再在植株周围浇水。
追肥	5月下旬到6月上旬，施用1次规定剂量的缓释性化肥。
病虫害对策	对残花放任不管，会造成灰霉病▷P99蔓延。一旦发现虫害应立即防治。
其他	摘除残花・轻剪、盆栽月季换盆・定植、新苗摘花苞・摘心、新苗定植。

Q1 希望花朵能开得久一点。有没有让花期延长的秘诀?

管理中注意不要有急剧的温度变化和断水。

开完花后，接受阳光照射会对月季有良好刺激，生长状态会变好。开花后，将月季移到光照好的场所去

月季在开花或长花苞时，如果环境急剧变化，对月季生长造成压力，会引起落蕾，花朵寿命缩短。因此，关键在于不要轻易变换环境。此外，不要抱着“好不容易养大的月季，要放到更好的环境里去”的想法，而突然间将花盆摆到直射光最强烈的场地去……这些类似行为都要注意避免。

Q2 虽然有花苞了，但是叶片为黄绿色。

叶片颜色不佳，也许是肥料不足的信号。追施液体肥料吧。

通常在花苞开始膨大时不要施肥。但是如果花苞过多，或者之前施用的肥料过少，会使得月季开花前因营养不足叶片变成黄绿色。作为应急对策，追施1次稀释后的液体肥料吧。

肥料不足造成叶片发黄的植株（左）和正常植株（右）

Q3 去年买的月季，觉得花色和香气都变淡了。为什么呢？

应该是日照不足或肥料太多造成。

能想到的原因之一是日照不足。是不是在月季最喜欢的环境中种植呢？此时要重新审视一下。

还有一个原因也经常造成这种现象，就是施肥太多。一旦小心翼翼地种植，不由得就会想“让它开得更美丽”，于是往往会大量施肥，这可能适得其反。尤其在花苞显色时大量施肥，容易发生上述症状。只要日照充足，月季的香味和色彩一般都能呈现。

花苞显色到此种程度时，停止施肥

花苞开始膨大时要注意哪些

- ☐ 不要移到急剧变化的环境中去
- ☐ 不要让其缺水
- ☐ 不要胡乱施肥

这个时期，死用功不一定是好事。“有福不用忙”

Q4 对不长花苞的枝条、“盲枝”和“盲芽”，怎么处理？

对于盲枝，修剪枝条的顶端！对于盲芽，如果数量少，原样保留就OK。

月季种植中常会发现不长花蕾的枝条。发芽后没多久就停止生长的枝条称为“盲枝”，基本没长的枝条称为“盲芽”。

对于盲枝，稍微掐掉一点枝条的顶端，让它知道“接下来要长出花蕾”，就会萌发新芽。盲芽很难萌发花芽，留下来主要是进行光合作用、保护主干不受强烈阳光曝晒。如果盲芽过密，就像疏枝一样，可从杈根处去除。

◎ 处理盲枝

摘除顶端的1个芽

枝端有2个芽

也可以在这里剪掉

△ 盲芽要看情况处理

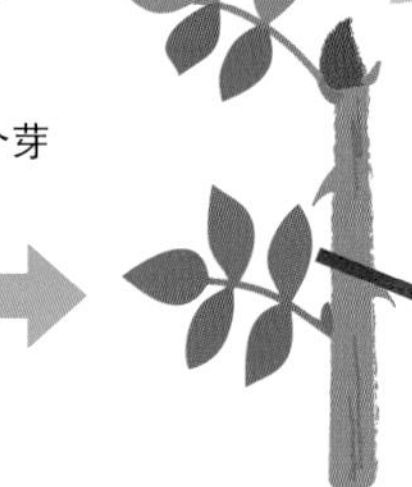

如果阳光直接照射到枝干，温度上升，植株体内就像有热水在流动。

只要不是过度密集，就可以保留盲芽

日照时间只有2~3小时。有没有在半阴庭院里也能种好月季的诀窍?

1. 选择在半阴环境也容易开花的品种▷P10。
2. 保留大量叶片。
3. 整枝，使枝条扩展开，这样能高效地接受到更多光照。

关键是尽可能提高光合作用的合成量

半阴庭院也是容易发生光合产物不足的场所。虽然日光少，但尽可能保留大量叶片，通过其进行光合作用来弥补。

另外，这样的场所越靠近地面越阴暗，一年中都不要进行深度修剪，这也是管理中重要的一环。

想自己配制月季栽培用土。请教一下配比诀窍。

记住基本配比是土质（6）：有机物（4）。

月季用土的基本配比大约是土占6成，有机物占4成。选用市面上容易买到的材料来配的话，赤玉土（小粒、中粒）占6成，腐叶土与堆肥占4成。

将这些简单材料混合后，就能制成月季用土。如果是光照不佳、容易潮湿的场所，混合时就增加排水性好的赤玉土（中粒）的配比量。如果是容易干燥的场所，则增加保水性好的赤玉土（小粒）的配比量。

基本配方

※▢=1L
以8号（24cm）花盆所需土的配比量为例

腐叶土 2
赤玉土(中粒) 3
※想让排水性良好就增加配比量
堆肥 2
赤玉土(小粒) 3
想让保水性良好就增加配比量

有机物 4 = ▢▢ 约2L

土质 6 = ▢▢▢ 约3L

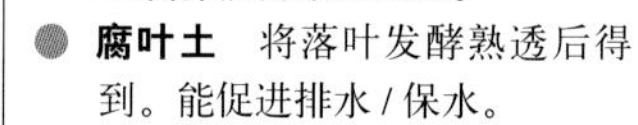

- **赤玉土** 弱酸性用土。排水与保水的平衡性好，常用作培养土或扦插苗床的基质。
- **腐叶土** 将落叶发酵熟透后得到。能促进排水/保水。
- **堆肥** 将牛粪/谷壳等发酵熟透后得到。能促进排水/保水。

每年都换盆真麻烦。一开始就换到大花盆里不行吗？

理想状态是只种到大两三号的盆里。

月季换盆的要点是，保持空气和水分的平衡。种在大两三号（直径6~9cm、2~3号）的盆里，容易保持这种平衡，减少种植失败率。实在需要换到比这更大的花盆时，尽可能使用排水性良好的栽培土。

从7号（21cm）盆进行换盆的话，最理想的是选用9~10号（27~30cm）盆

摘除残花·修剪

四季开花灌木月季在修剪掉残花后会长出新枝条，1~2个月后还会再开花。掌握修剪要点，让月季不断开花吧。

基本

开花后剪短（单生花）

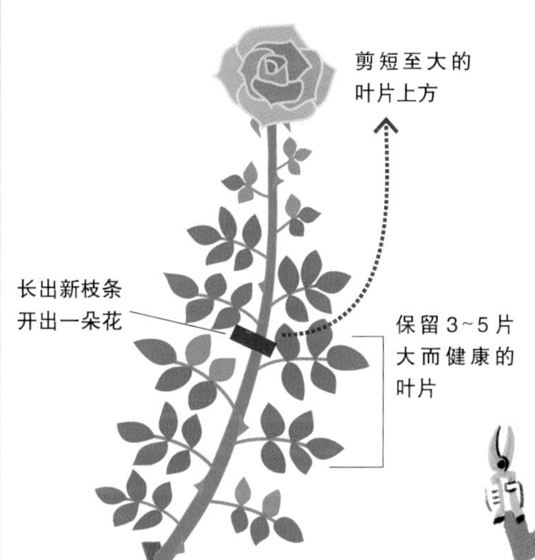

对于1个枝条上只开1朵的“单生花”，可剪短至5片叶或7片叶的上方。对于成簇开放的“多头花”，只摘除开完的花（“摘除残花”），当所有花都开完后，再和“单生花”一样，将大叶片以上部分修剪掉。

越大的叶片越容易长出健壮的腋芽，并萌发成健康枝条，从而可以反复多次欣赏到花朵。

叶片是月季的生命所在
留下大而健康的叶片哦

Q8 没有做修剪，渐渐地花朵变小了。

修剪是激活月季“干劲”的开关！做不做修剪，对应的开花次数也有很大差别。

修剪与不修剪的结果大不相同

光是开花次数就有这么大的差异！

定期修剪

在修剪后40~55天会开出饱满丰盛的花朵。

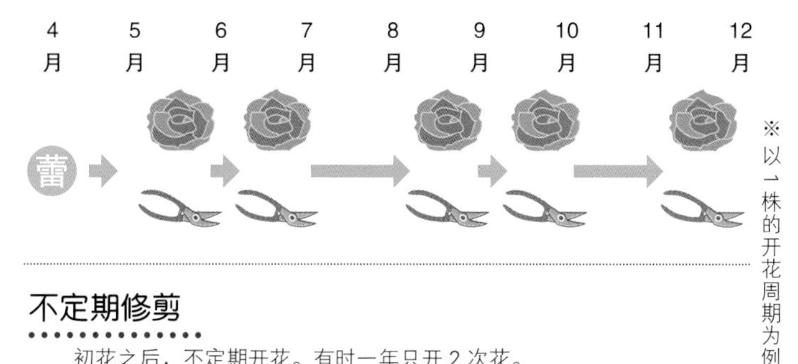

※以1株的开花周期为例

不定期修剪

初花之后，不定期开花。有时一年只开2次花。

*如果是结果实的月季品种，本轮几乎不开花

修剪棒，开花靓！

多季节开花灌木月季在开花后做好修剪，就能在1年内平均开4~5次花。如果不做修剪，花朵会逐渐变小、花蕾数量也会减少，1年最多只开3次花。

另外，有些月季品种能结果。结果后，营养会优先运输给幼果，更加不会开花。修剪，正是提高月季开花“干劲”的重要手段。

Q9 植株逐渐扩展，没有余裕空间维持长势怎么办？

A 试试偶尔修剪到向内生长的叶片上方。

如果枝条剪短至向外生长的叶片的上方，之后长出的新枝条会向外侧扩展。这样植株能接受良好光照，确保一定的通风，就能种出枝条健壮、不容易感染病虫害的月季。

但是，在空间不充裕时，植株很难维持这样的长势。此时，建议将内侧芽往上的部分修剪掉，以修正株形。灵活运用内侧芽和外侧芽，培养成株形苗条的月季吧。

Point

剪至外侧芽的话……

- ◎ 接受光照良好，刺激光合作用
- ◎ 通风变好
- ○ 获得优雅舒展的株形
- × 横向扩展，需要场地

剪至内侧芽的话……

- ◎ 不会横向伸展，不占场地
- × 枝叶容易重叠，光合作用能力变弱
- × 通风变差

有意识区分芽的朝向

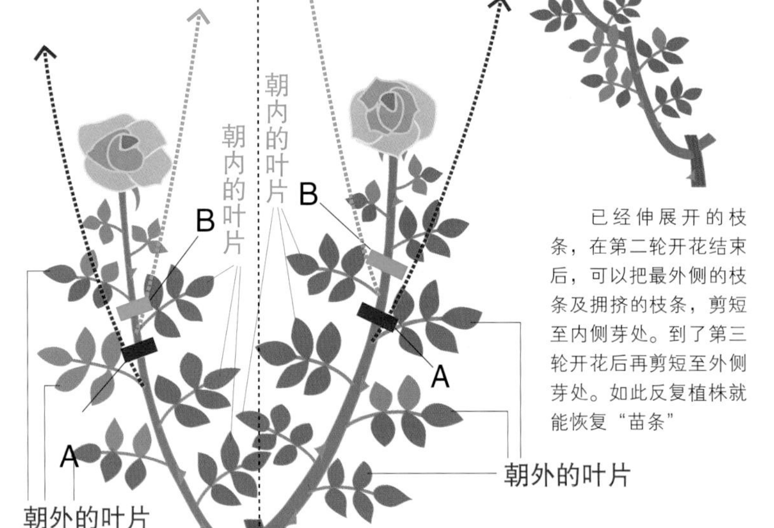

A（外侧芽）往上部分修剪掉，枝条就会朝外侧生长

B（内侧芽）往上部分修剪掉，枝条就会朝内侧生长。注意观察环境和生长状况，灵活运用

已经伸展开的枝条，在第二轮开花结束后，可以把最外侧的枝条及拥挤的枝条，剪短至内侧芽处。到了第三轮开花后再剪短至外侧芽处。如此反复植株就能恢复“苗条”

Q10 枝条都挤向内侧。

A 尽可能修剪到外侧芽上方，月季就会恢复优雅舒展的身姿。

月季会把生长力汇聚在枝条顶端，以长出新的枝条。以植株的中心为基准，如果枝顶端的芽是偏内侧的，枝条就会朝内生长。如果是朝外侧，就会朝外侧生长。如果只修剪内侧芽，各枝条就会重叠在一起、变得拥挤。尽可能修剪到外侧芽处，以消除这种状态。

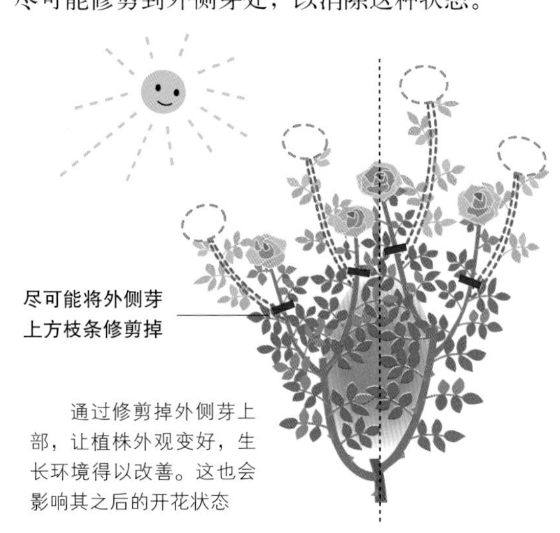

通过修剪掉外侧芽上部，让植株外观变好，生长环境得以改善。这也会影响其之后的开花状态

嫁接苗不能深植的原因

很多月季苗，都是以野蔷薇为砧木嫁接得到的。这里为大家讲解定植·换盆的季节中需要事先了解的内容。

覆土不超过根基时

深栽时

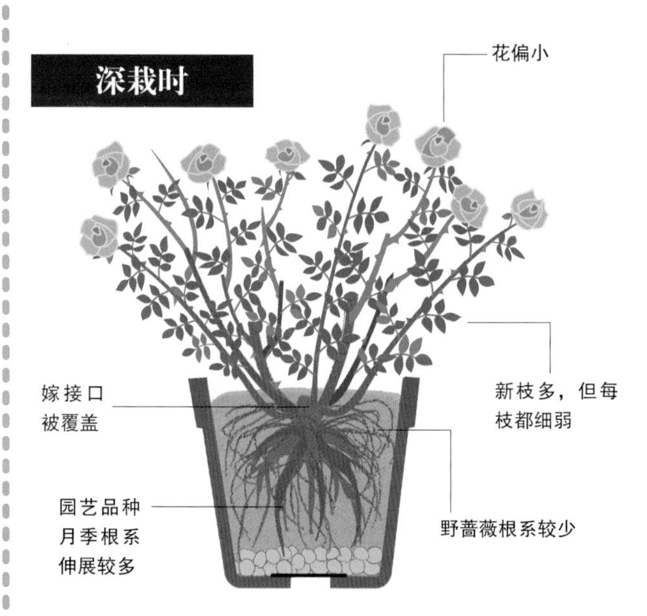

● 嫁接苗的优点是生长力

月季种植分为"扦插苗"和"嫁接苗"。枝条直接插入介质的是"扦插苗"，将枝条或芽头等嫁接到野蔷薇上的是"嫁接苗"。

嫁接苗能借助野蔷薇的"强壮"体质，生长速度比扦插苗要快好几倍，2~3年就能长成大株。

● 覆土不超过根基→砧木能力100%发挥

嫁接苗种植时，覆土不超过嫁接口，养分就会毫不分散地全部供给枝条，这样枝条能很好地伸展，植株会长成大株，且开花良好，容易开出大花。

覆土不盖过嫁接口的种植方法，是能100%引发野蔷薇特性的方法。

● 深栽→砧木和插穗一样成长

嫁接苗种植时，如果是覆土超过根基部的"深栽"，埋入土中的枝条会长出根来。这样野蔷薇的根会缺氧，渐渐失去生长势头。此时，植株就会和嫁接苗的迷你月季一样，虽然从地面长出很多新枝，但枝条柔软细小，株形矮小紧凑，花朵也相对较小。

在半阴环境也容易开花的灌木月季

我家庭院很明亮，但不怎么能晒到太阳。有在半阴环境也容易开花的灌木月季吗？

基本上月季都很喜欢阳光照射。不过，也存在只要有 3~4 小时光照也很容易开花的品种。另外，还能通过提高光合作用的合成量▷P5、配置排水性良好的栽培土▷P6 等各种努力，让月季更好地开花。

‘结’（YUI）

花朵直径 7cm，株高 0.8m，中香。

花朵为米色偏粉红，稍带有轻微的茶色。色调温和沉稳，花瓣反卷优美。花姿伶俐可爱。带有奶茶一样的清香，非常高雅。

‘黑影夫人’（The Dark Lady）

花朵直径 8~9cm，株高 1.0m，中香。

花朵为浓郁深红色、蓬松且丰满的莲座型花。随着花开，逐渐会变为略带紫色的深粉、红色。稍带‘老玫瑰’（Old Rose）的花香。秋季开始时花色浓厚，格外美丽。株条横向伸展。

‘格蕾丝’(Grace)

花朵直径 7cm，株高 0.8m，中香。

纯净的杏色花朵在开放时边缘花瓣逐渐变为略带淡粉红色。花朵为类似大丽菊的莲座型花。反复开花，着花量大。

‘三吉野’(MIYOSHINO)

花朵直径 2~3cm，株高 0.2~0.3m，微香。

花瓣像吉野樱一样晕染成淡淡粉樱色的微型月季。能反复开花到深秋。花期长。

6月 对“淘气”乱窜的幼嫩枝条，趁早“管教”最重要

‘粉红兔子’（Pink Rabbit）

小型杯状花，甜美的大马士革蔷薇香型。耐寒性强，温暖地区能一直开花到晚秋。长得矮小紧凑所以最适合盆栽。花朵直径5cm，株高0.6~0.8m，强香。

Keihan Gardening

梅雨季节来临，月季充分吸收营养，幼嫩枝叶变得繁茂，迎来生长最旺盛时期。

被雨水润湿的花朵沉静开放，可以领略到与春季略不相同的景致。

6月的月季

新枝不断长高
生长最旺盛时期

6月的月季正值“淘气”的成长期。根系储存的养分和水分，不断地运往枝条顶端。

植株基部和枝条各处都窜出很多幼嫩且长势旺盛的新枝，它们对植株的培育极为重要。但是，放任它们不管的话，一下子就会长野了。所以趁早“调教”很重要。

活力过于充沛的嫩枝伸长后，尽早修剪

6 月要确认这些内容！

新枝发生的机制

开花结束时，枝条的生长暂时会变缓。但是根吸收的养分和水分，不断供应上来，没有地方消耗，于是就像喷射出来一样长出很多活力四射的新枝。

1 对活力过于充沛的新枝的管理（剪短）

- ☐ 花开后，将植株整体均匀地修剪
- ☐ 对活力过于充沛的新枝，稍微修剪得深一点

2 通过追肥使月季安全度过苦夏

- ☐ 推荐使用固体缓效化肥
- ☐ 同时进行除草、中耕，如果土壤容易干燥还要培土、护根

本月的日常养护

浇水	（盆栽）土表干燥再浇水，要浇透，直到盆底流出水为止。 （地栽）进入梅雨季节后停止浇水。
追肥	（盆栽、地栽）施用固体缓效化肥（5 月已经施肥则本月不施）。
病虫害对策 强化月	（盆栽、地栽）控制浇水量能抑制白粉病▷P64、P99，黑斑病▷P14、P64、P99，灰霉病▷P99。叶片变硬，也能减少虫害发生。在病虫害发生初期，喷施药剂可防止进一步蔓延。
其他	（盆栽）新枝的修剪调教、中耕・培土、摘除残花・剪短、换盆、新苗的摘蕾・摘除残花 （地栽）新枝修剪、除草・中耕・护根、摘除残花・修剪

6月 生长

Q12 我种的是盆栽月季，1 周前断水后，叶片变成鲜黄色，是不是枯萎了？

A 鲜黄色叶片是根部极度受损的信号，马上使用活力剂促使其根系恢复。

在这个时期断水会给根造成极大伤害。断水后 5~7 天叶片变成鲜黄色，开始掉落。不过，月季不会因这点伤害而枯萎。

为了让根系尽快恢复，推荐使用活力剂。

使用活力剂激活根系。需要注意的是，不要误认为是营养不足而进行施肥。这么做就像伤口上撒盐，完全是适得其反

月季会根据根系受损的程度，为了维持植株和根系的供求平衡，叶片发黄或脱落，这是月季自身在调节

春至初夏篇

这个季节里，要注意因雨水和湿气引起的病害。

另外，有很多害虫危害花或花蕾，一定要准备好完善的对策。

染上黑斑病的叶片是不是全部去除比较好?

❶ 如果是轻度症状，摘掉出现病症的叶片，喷施药剂。
❷ 如呈现蔓延状态，喷施药剂，保留叶片。
❸ 留下不脱落的叶片。

叶片尽可能保留，这样植株会更容易恢复。如果症状较轻，只去掉有病症的叶片，喷施药剂。

如果病害已经蔓延，留下没有脱落的叶片，对植株整体喷施药剂。1周左右再喷施一次。此后，如果有病症的叶片上出现了黄色线，就证明治疗有效。这些叶片即使碰触也不脱落的话，原样保留即可。

感染黑斑病的叶片

沿着叶脉产生黑色斑点（病斑）

治疗后的叶片

黄色线是病害治疗有效的印记。治疗成功后，黑痕（黑斑点）也会一直残留

黑斑病 ▷P64、P99
发生期：6~9月
发生场所：雨棚下、湿气容易聚集的墙角等

开花后，叶片背面出现几颗红色果实一样的东西。这是什么呢?

这是日本蔷薇瘿蜂（Diplolepis japonica）的虫瘿，里面潜伏着幼虫。

日本蔷薇瘿蜂在叶片背面产卵，幼虫造成虫瘿，并在其中生长。虫瘿是由产卵部分的植物组织异常发达而形成。里面有1只幼虫。在野生月季或藤蔓月季上经常能看到。月季自身不会枯萎，发现时将虫瘿从叶片上摘掉即可。

日本蔷薇瘿蜂（幼虫）
出没期：5月
出没部位：野生月季蔷薇、藤蔓月季的叶片背面

金龟子吃花瓣怎么办？感觉它们总挑香味浓郁的品种吃……

小型金龟子类昆虫最喜欢月季的香味。可利用这个习性，使用诱引捕虫器来防治。

金龟子类昆虫中，会食害月季花瓣的，也就是日本豆金龟和花金龟属昆虫类。它们尤其喜欢把花心全部啃食掉，甚至造成最重要的花心突然就没了……既然是被花香吸引而来，可在香气逐渐增强的上午潜伏等待，进行捕捉，或者悬挂专用的诱捕器，来防止危害扩大。

被香味吸引前来啃食雄蕊的小青花金龟

1. 选昆虫尤其喜欢上午飞来的时候，潜伏等待，进行捕捉
2. 在受害场所附近悬挂诱捕器

金龟子类（成虫）▷P97
出没期：5~9月
出没部位：昼行性的花金龟、日本豆金龟啃食花，夜行性的金龟子啃食叶片

诱捕器的制作方法

制作能诱捕日本豆金龟、花金龟类雄虫的“诱捕器”，设置高度约为1.5m。就算放着不管，金龟子们自投罗网的可能性也很高哦！

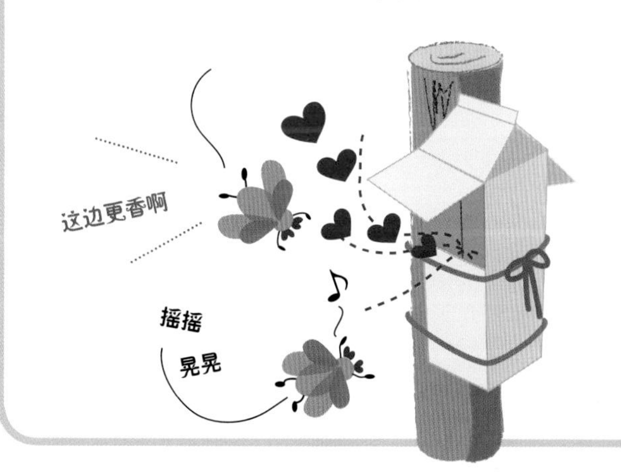

制作方法

需要准备的材料
- 牛奶盒1个

1. 在牛奶盒上部开孔，做一个大大的“窗口”。
2. 在盒中装入捕获的日本豆金龟、花金龟等，这也就随机放入了雌虫。
3. 这样持续一段时间后，盒子里充满雌虫的荷尔蒙。被这种荷尔蒙所吸引，雄虫会接连不断地自投罗网。

花好不容易开了，花瓣上满是黄褐色斑纹，这是什么原因？

很可能是蓟马造成的。将花瓣全部收集起来并装入塑料袋密封。

蓟马▷P33、P97
出没期：5~10 月
出没场所：阳台或屋檐下等不被雨淋，容易高温干燥的场所

蓟马会吸吮汁液，产生危害。地栽的植株，还会出现被雨水打伤的花瓣粘在一起，花蕾开不出来的情况。这是其将卵产在花或叶片深处

蓟马经常危害月季，体长 1mm 左右，非常敏捷，有主要吸取花朵汁液和主要吸取叶片汁液两种。当前季节最多的是吸取花朵汁液的蓟马。受到危害的月季，花瓣上会产生银色或黄褐色斑纹，极大地影响花朵的美观。蓟马一生产卵 50~100 个，其在高湿环境下 20 天左右就变为成虫，一下子就能爆发。

剪下残花进行密封！

蓟马有喜欢朝枝端聚集的习性，越是植株上部，受害越严重。尽快将枝条剪短，尽可能减少害虫数量非常重要。

❶ 为了不让成虫飞散，剪枝时不要呼啦呼啦地摇晃树枝。
❷ 剪下的花和枝条一定要收集起来，尽快装入塑料袋密封。尽量不要晃动袋子，要密封袋口。

设置粘虫纸

蓟马有容易被“蓝色”吸引的习性。利用这个习性，在支柱上悬挂蓝色粘虫纸，以捕获成虫。

市面上有各种各样的蓝色粘虫纸销售

7月 通过夏季管理获得健壮的体格

'葵'（AOI）

淡紫色基调中带着茶色，随着季节变化，花色有微妙变化。1枝上有数朵花，多头开放。枝条细软优美。花朵直径5cm，株高0.8m，微香。

Keihan Gardening

梅雨季节结束后，日照突然变强，一下子变为高温干燥的天气。

浇水要暂时保持干湿交替的节奏，锻炼出不畏酷暑的健壮月季。

7月的月季

梅雨季节的月季充分吸收了水分和养分。枝叶繁茂，仿佛新生的草花那样朝气蓬勃。

然而，当梅雨季节结束，枝叶渐渐变为深绿色，植株逐渐充实，展现出灌木应有的形状。这就像一个食欲旺盛的微胖青年，排出多余水分后，获得拳击手一样肌肉结实的身材。

梅雨季节结束后，要注意浇水方法

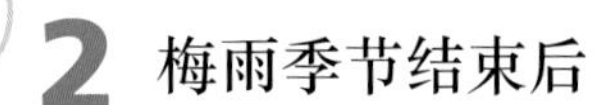

1 梅雨季节

□ 土不干不浇水

 土干的话，1天浇足一次水

 不浇水（淋不到雨的场所5~7天浇一次水）

不能随意浇水，等土干后围绕植株浇足

2 梅雨季节结束后

□ 土干就浇足水，保持干湿交替的节奏

 1天浇足一次水

土干后，围绕植株浇足水（淋不到雨的场所3~5天浇水一次）

本月的日常养护

追肥

 根据生长状态施用液肥。

 不用施肥。

病虫害对策

盛夏喷洒药剂容易引发烧叶现象（药害），在7月中旬前要完成喷药。尤其是一旦发现有黑斑病▷P14、P64、P99的病叶，要立即喷药，防止蔓延。

其他

新枝的修剪、第二轮花后的修剪、摘新苗的花苞・摘花。

7月 生长

Q17 每年都因炎热造成植株下部叶片大量脱落，有什么好对策呢？

A 通过浇水和施用液肥，培养出耐盛夏的健康叶片。

在夏季炎热的日本，月季多少会出现落叶现象，不过最好避免叶片全部脱落的恶性循环发生。为此，在盛夏来临前要炼苗，让月季成为不畏高温和干燥的健康植株。

一定要见干浇透。通过定期施用含钾成分高的液肥，改善植株状态。

梅雨季结束后的7月，锻炼出不会在盛夏轻易脱落的叶片

Point 施用钾肥成分高的液肥

将能让叶片在酷暑中也不易脱落、钾肥成分高的液肥(N-P-K=6.5-6-19等)，从7月到9月，每1~2周一次，按照规定倍率稀释后施用。

7月 生长

Q18 月季种植在5楼阳台上，感觉因为风太强了，有点生长不良。有什么好对策？

A 把花盆摆放在一起，让植株稳定。

月季喜欢微风，但是不喜欢能摇动枝干的强风。尤其是在高层建筑的阳台，月季如果摆放在栏杆边或空调室外机附近，会被干燥的强风直接吹到，这些是最需要避开的位置。

另外，如果盆栽月季单独摆放，或者盆与盆之间空隙太大，也一样对月季生长不利。最好将花盆摆放在一起，就像种植“防风林”一样摆放。

花盆互相靠近，形成“防风林”。植物的顶端高度尽量统一，能防止被风吹得枝叶摇动，也能均匀地接受太阳光照

Q19 陶土盆和塑料盆，哪种更适合种月季呢？

A 推荐使用透气性、排水性都比较好的陶土盆。

只有在炎热的、容易烂根的夏天才知道

月季的根系要经过干湿环境反复交替才会茁壮成长。因此，用透气性、排水性俱佳的赤陶等黏土烧制的花盆种植很理想。不过要注意的是，盆体直接曝晒会干得很快。

塑料盆质量轻、便于搬动，排水性好。但是因为具有不透气性，曝晒后容易闷热，容易烂根。

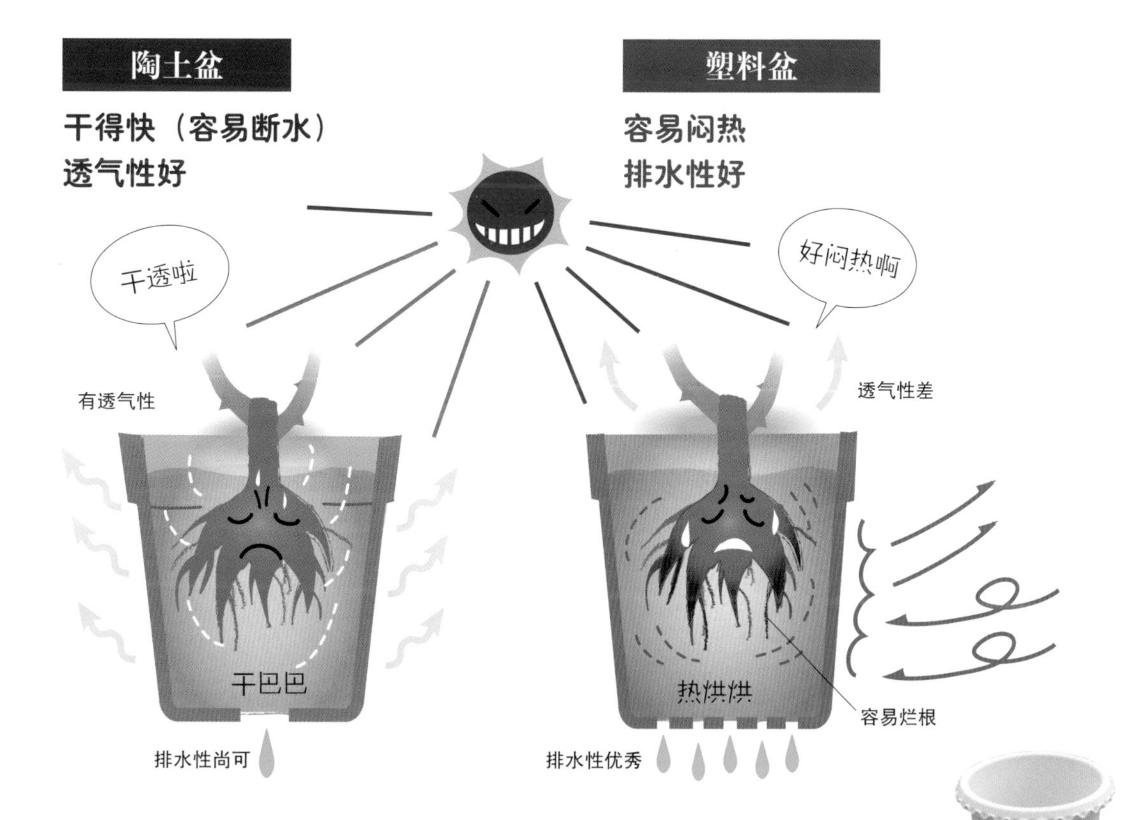

共同的应对方法 不管是陶土盆还是塑料盆，只要注意降低盆内的温度，就可以防止干燥或闷热。

❶ 水要浇透

每次浇水都浇透的话，可以冷却花盆内部。要浇到盆底有水流出来为止。

❷ 搬至晒不到太阳的地方

寻找太阳晒不到花盆侧面的地方并搬移过去。但要注意叶片是需要阳光的。

❸ 与草花等盆栽聚集摆放

如果花盆会晒到太阳，可在周围放置盆栽草花遮挡阳光。

❹ 套盆

如果是较小的花盆，可放入空盆中做成套盆。

套盆

多盆聚集

‘巴黎女士’(La Parisienne)

花朵直径 8~10cm，株高 1.2m，强香。

花瓣是鲜艳的橙色与黄色的渐变色，带有起伏的波浪边。修长而健康的枝干规规矩矩，易栽培。

耐热的灌木月季

盛夏花朵贫乏，有没有在炎热时节也能美丽盛开的灌木月季？

灌木月季受到酷暑熏蒸时，花朵会变小。在此介绍 7 款值得推荐的耐高温、干燥的品种。

‘贝弗利’(Beverly)

花朵直径 10~12cm，株高 1.2~1.5m，强香。

耐热，抗性好，也推荐给新手。花香出色，被评价为“成熟的李子与荔枝混合的华丽香味”。

‘生机’(Alive)

花朵直径 10~14cm，株高 1.0m，强香。

具有柠檬马鞭草与杏的清新花香，是芳香品种中花形特别持久的大花品种。温和的粉色花瓣边缘带有漂亮的豁口。四季开花。健壮易栽培。

‘友禅’(Yu-Zen)

花朵直径 8~9cm，株高 1.0~1.2m，强香。

花瓣会从火焰般的绯红色慢慢变成酒红色，若作为切花装饰在室内又会变成紫红色。花形稳定，单花可持续盛开 2~3 周。

‘夜来香’(Ye-Lai-Xiang)

花朵直径 10~12cm，株高 1.2m，强香。

香味高雅，在浓郁蓝紫色花朵的芳香中还能感觉到柑橘类水果的清新香甜。树势强，刺少，易栽培。

‘葵’(Aoi)

花朵直径 5cm，株高 0.6~0.8m，微香。

抗病性强，易栽培。成束开放，春季花朵为豆紫红色、秋季花朵为可可色，古风色调很受欢迎。

‘薰乃’(Kaoruno)

花朵直径 8cm，株高 1.0m，强香。

纤细花瓣带有透明感柔和米色，中心晕染出奶油粉，为轻柔的球状花形。甜香。

8月 “纳凉”，培养出不知苦夏为何物的植株

白天有耀眼的烈日，晚上是连续的闷热，令人精疲力竭。

渴望一丝凉意的不只是人，月季也一样。

做好防暑措施，防止植株因苦夏而衰弱，让它们健康地度过夏季吧。

8 月的月季

即使靠近植株基部的叶片发黄掉落，只要上面没有黑色斑点，就不是病害，不用担心

这个季节，植株容易因盛夏的酷暑而得病害。植株整体不协调，枝条散乱，会稀稀落落开出些花来，但因为高温与干燥，开出的花也是一年之中最小的。因干燥与老化，靠近植株基部的叶片也开始发黄并掉落。

因烈日曝晒、干燥或在高温期喷药而导致的烧叶子（药害）的症状

做好万全的防暑措施

8 月要确认这些内容！

1 盆栽的度夏措施

- ☐ 用套盆法遮挡直射到花盆上的阳光
- ☐ 利用组合盆栽遮阴
- ☐ 抬高盆底保持凉爽
- ☐ 充分浇水进行降温
- ☐ 傍晚洒水进行降温

地面与盆底之间留出空隙

2 地栽的度夏措施

- ☐ 在植株周围浇足水
- ☐ 用植物覆盖地面和植株基部

本月的日常养护

浇水

盆栽：上午与傍晚土壤见干浇透。浇水可以降低盆中的温度。傍晚洒水也有效果。

地栽：土壤干了的话只浇植株四周。

追肥

盆栽：根据生长情况适当施加液肥。

地栽：不要施肥。

病虫害对策

盆栽、地栽：注意金龟子的幼虫▷P35、P97。为了防止高温干燥期烧叶子（药害），避免白天喷施药剂。另外，要对叶面喷水后再喷施药剂。

其他

盆栽、地栽：第二轮花后剪短新苗的摘蕾・摘花、防台风措施。

我把盆栽养在阳光充足的窗边，最近不知道是不是因为天热了，不但新叶不长大、老叶也出现了黄色或褐色的枯叶，很显眼。

这是典型的苦夏症状。要重新审视“放置场所”、“浇水”，并施加活力剂。

枝与叶偏小，叶片发黄，枝叶不精神，生长缓慢……这些都是在炎夏时可以看到的苦夏症状。

患了苦夏的植株，几乎没有白色根系，也基本没有水分和养分的吸收力。

确认是患苦夏后，可转移到凉爽的地方，也可多盆聚集摆放或套盆，同时要记得浇足水进行降温。

另外，为了促进生根，要尽早施加规定剂量的活力剂。

活力剂是指：肥料成分（氮、磷、钾）较少(或不含)，添加了铁、钙、镁、氨基酸等的混合剂。可以说是“滋补药剂”

植物如果没有白色根系，就不能吸收肥料和水。肥料好比人类的“食物”。人类如果肠胃虚弱，就没办法吃豪华大餐，植物也与此相似。

先施活力剂。这样1~2周会长出很多白色的根，这时再施液肥。

从苦夏中康复的窍门

- 挪到较凉爽的地方
- 用套盆法养护植株
- 施加规定剂量的活力剂
- 等白色根系增多以后，再施加富含磷、钾的液肥
- 浇水每次要浇透

盆中是这个状态

白色的根是植株健康的证明。它会迅猛地吸取水分和养分。没患苦夏的植株（右）有着充分伸展的白色根系，相对的，患苦夏的植株（左）不太能看见白色的根系

✕ 没有白色根系时不要施肥

我将月季种在8楼朝东的阳台上。修剪残花、浇水、花后施肥等都好好地在做，可一棵月季都没有抽出粗壮的新枝来。

极度干燥的环境导致空气不够湿润。可以在月季近旁摆放耐高温、干燥的草花，制造湿润空气。

在阳台上引入水灵灵的草花的恩惠

盛夏里高层楼房的阳台，具备了高温、干燥、强风的严酷环境，甚至晒洗的衣服立马就会干，所以只种月季的话是有点困难。

在这种情况下，推荐在月季的近旁聚集摆放些耐高温、干燥的草花盆栽。通过在空气中制造出恰到好处的水分和阴凉，保护月季不受高温伤害，这样其到了秋季就比较容易发出新枝。

享受自己喜欢的植物相互合作的乐趣

耐高温、干燥的植物

迷迭香

景天属

鼠尾草属

天竺葵

小番茄

旱金莲

我想去旅行，可是担心断水，有什么好办法吗？

稍微想想办法，3天左右没有问题！

短期的话没问题！有办法哦。

对于地栽，可以在旅行的前一天和当天浇足水。为了防止干燥，在植株的周围做好覆盖，这样3~5天是没问题的。

盆栽的话，若是配备上自动浇灌机，长期旅行都不是梦，不过采用一般的度夏措施▷P23，再配合“用水苔遮盖”、“在接水盘里蓄水”、“挪到阴凉处”这些办法，3天左右是完全可以的。

地栽

STEP1 用软管浇足水

在外出的前一天和当天，着重对有干枯危险的地方浇足水。3天没问题！

太阳晒得到植株基部的，或像立体花坛那样有一定高度的地方干得比较快。要确保浇足水

STEP2 做好覆盖防止干燥

浇足水后，覆盖上麦秆或月季用培养土护根，可以再延长2天左右。

月季用培养土比较松软，所以保水性能特别好。在植株周围撒上3~5cm覆盖地面。

盆栽

对策❶ 用水苔遮盖

把湿的水苔轻挤干水分后，覆盖在植株基部。

推荐

水苔的优点

- 散发水分，能提高空气湿度又不至于太闷热
- 锁住盆内的水分
- 有利于盆内降温

不容易发霉，外形好看，最适合风大容易干燥的阳台。是平时就用得到的优质材料

对策❷ 在接水盘里蓄水

如果是光照良好的地方，只要暂时把花盆放到装满水的接水盆上就可以了！短期的话不用担心烂根

对策❸ 挪到阴凉处

如果花盆不是太大，暂时挪到阴凉处也是一个办法

“浇一点点水”是不行的

土表干了就稍微浇点水，您是这样浇水的吗？这种供水方式是引起烂根的原因！月季可不喜欢这样。在酷热的季节，尤其要学习浇水这件深奥的事！

持续“浇一点点水”的话……

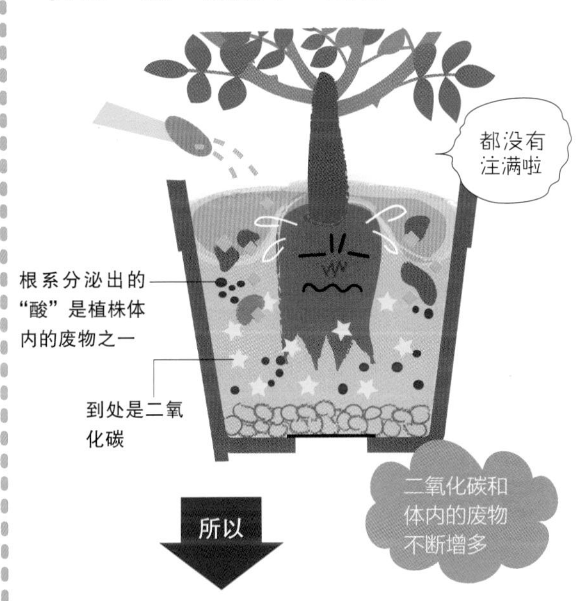

给予足够多的新鲜水

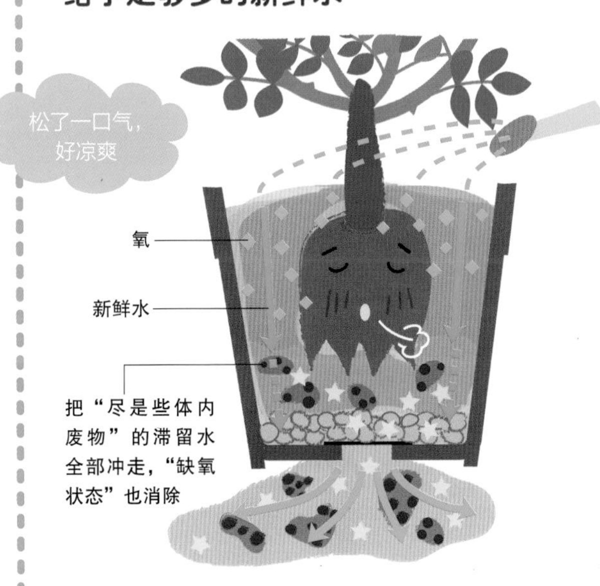

盆中的“悲惨”事件

根和人类一样也要呼吸，吸入氧气、呼出二氧化碳。随着植株的成长，根也迅猛地生长，这样一天的“呼吸”增多导致缺氧。

另外，根会分泌出“酸”溶解土中的养分，然后吸收到体内。这就好比是人类的唾液、胃酸。这种酸在溶解养分之后，会成为“体内废物”积存在植株的周围。打个比方，就是“胃酸过多”的状态。

这样一来，就会导致根系发育不良，而且植株的生长也会变弱。

浇透水变舒畅

于是就轮到“浇水”出场了。充分地给予新鲜的水，不但可以冲走含有“二氧化碳”和“体内废物”的滞留水，还能提供新鲜的水和氧气。

水的量是关键。为了把不新鲜的水全部冲干净，浇水量要差不多注满一花盆，必须要“一直浇到水从盆底的孔流出为止”。

用冷水降温

此外，夏季浇水还有降低盆中温度的效果。浇水时请尝试摸一下从盆底流出来的水，应该已经变成了热水，热到会让人想到洗澡水。

浇透水后，热得“头昏脑胀”的根系就能恢复精神，从根部吸取的冷水遍布枝叶，整个植株也得到了降温。

在洒水壶上装上花洒，一直浇到水从盆底的排水孔流出为止，这是基本原则。若是“浇一点点水”，不新鲜的水排不掉会引起烂根

9月 通过夏季修剪，与华丽的秋花相会

虽然残暑未尽，但这个季节应该开始为月季的秋花做准备了。在9月上旬做好夏季修剪的话，美丽的秋花将一齐绽放。

‘庵’（Iori）

具有古典风格的牛奶咖啡色小型杯状花。枝条舒展。花朵会开得像蓬松的花束一般。花朵直径5~6cm，株高0.9m，中香。

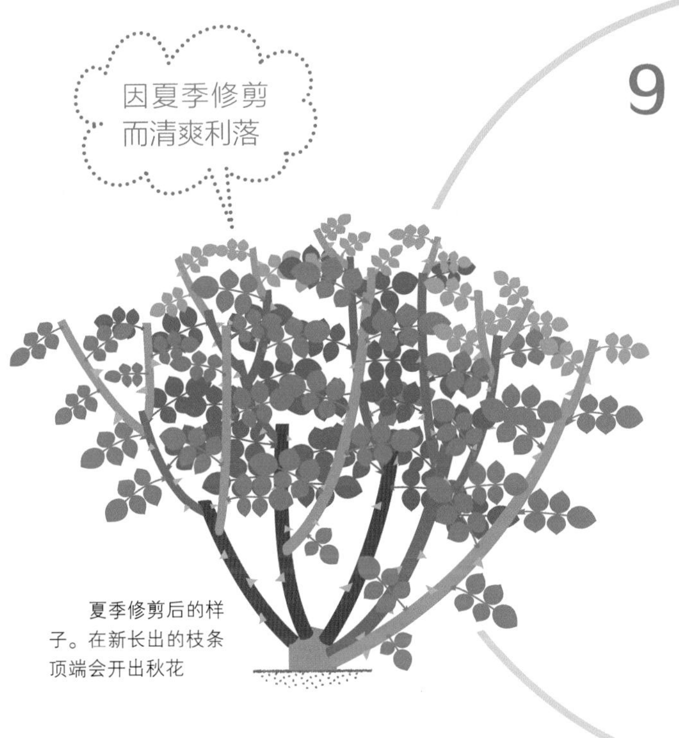

夏季修剪后的样子。在新长出的枝条顶端会开出秋花

9月的月季

虽然酷暑还在持续，但夜晚逐渐变得凉爽，月季也在一点一点地恢复活力，萌发出了可爱的新芽。

这个时期，若是结合植株在夏季的状态进行夏季修剪，那么在10月左右，就可以欣赏到美丽的花朵一齐绽放的景致。

春季购入的新苗，在持续摘花苞和摘花之后，经过夏季修剪也会开出美丽的花朵。

根据植株的苦夏状况来进行夏季修剪

9月要确认这些内容！

1 理解夏季修剪的目的▷P40

2 通过叶片数量确认月季的苦夏状况

□ 保留了一半以上→“不知苦夏为何物”

□ 保留了1/3~1/4 →“略害苦夏”

3 根据月季的苦夏状况进行夏季修剪▷P40

4 修剪后要追肥

修剪残花，把枝条剪短

本月的日常养护

浇水

土表见干浇透，要浇到水从盆底流出为止。

仅在1~2周没有大量降雨时充分浇水。

追肥

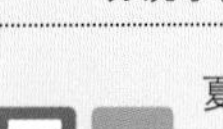

夏季修剪后进行追肥有利于新芽的生长。病株或因苦夏而虚弱的植株不要施肥。

病虫害对策

冒芽会使病虫害的活动变得活跃。要注意黑斑病▷P14、P64、P99，白粉病（下旬以后）▷P64、P99，金龟子的幼虫▷P35、P97，天牛的幼虫▷P32、P97。

其他

根系过密的植株换盆。

除草、中耕可以改善土壤透气性和排水性，促进根系生长，使秋季着花更多。预防台风措施。

夏季修剪

攻略Q&A

四季开花月季即使不进行夏季修剪，到了秋季也会开花，不过剪短后，会在靠近视线的高度集中开出美丽的花朵。

不进行夏季修剪的话，继续在花后剪短

基本

为什么要进行夏季修剪呢？

如果凉爽的 9 月上旬进行夏季修剪，植株就会在 10 月左右开花，就可以欣赏到像花束一样成簇的花朵。

此外，修剪后枝条得到更新，植株的状态变好，日照和通风也得到改善，还有预防病虫害发生的效果。

保留了一半以上叶片

➡“不知苦夏为何物”

自然的扇形

1/3

2/3

发黄的受损枝

以整棵植株高度的 1/3 左右为基准

细短枝

枯枝

根据叶片的剩余数量进行修剪！

植株在整个夏季掉落的叶片不同，要剪去的枝条长度也不同。来复习一下夏季修剪的基本内容吧。

只保留了1/3～1/4的叶片

➡“略害苦夏”

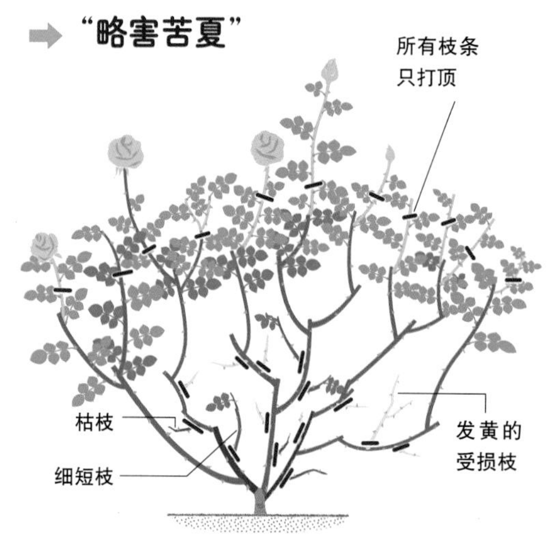

只打顶 = 尽可能多地保留叶片

进行夏季修剪的话，月季秋花会集中开放

Point

夏季修剪的好处

- ☐ 可以使月季绚丽绽放
- ☐ 树形匀称、看起来美观
- ☐ 可以促进每根枝条的营养平衡
- ☐ 可以抑制病虫害的发生
- ☐ 使植株更健康

为什么健康的植株夏季修剪也只剪短 1/3 左右呢？

在生长期，叶片数量就是生命力。植株下方的叶片在修剪后容易脱落，所以要预先多留一些。

多数月季的叶片不会随着每一次季节的变化而变化，而是从下方的叶片开始脱落。如果在 9 月的夏季修剪时剪得过重，叶片可能会在这之后几乎全部落光。夏季修剪只进行轻剪，这是让植株开花又不给它增添负担的方法。

月季的枝叶会随季节而变化

在梅雨季节还是水灵灵、枝叶茂盛的月季，到了盛夏之后，枝叶也会因为高温和干燥而收紧变硬。9 月，随着夜晚的温度逐渐下降、雨水增多，月季再次变得生长旺盛，枝干开始膨胀。

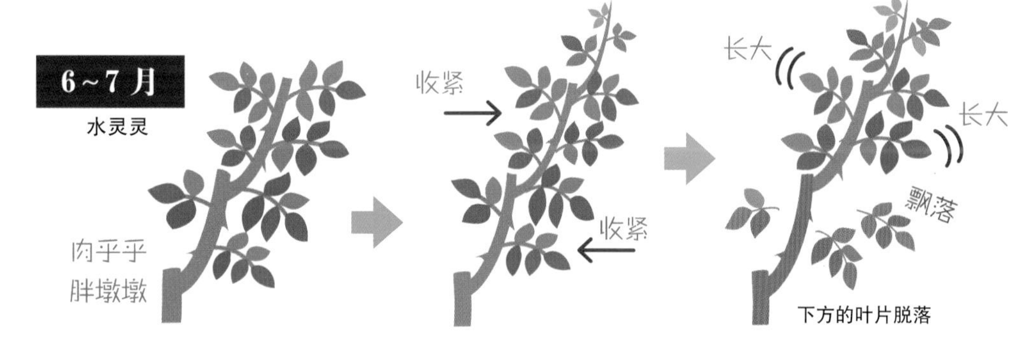

* 枝干的粗细变化示意图，实际上几乎分辨不出来

要不要根据品种不同，更改夏季修剪的时期？

如果是多季节开花的月季，基本上只要在 9 月上旬进行修剪，不管哪个品种都能开得很好。

月季因品种不同，从修剪到开花所需的天数也不同，早则 40 天、晚则 60 天左右会开花。在 9 月上旬修剪好的话，如果是在温暖地区，不论什么品种都能在美丽花季的 10～11 月开出花来。

月季有早开和晚开品种。若想严格地调整花期，可以记录今年从修剪到开花的天数。明年可以试着挑战一下

病虫害烦恼Q&A

盛夏篇

这个季节常常会出现由喜欢高温干燥的害虫引起的虫害。关键是在进行基本养护的同时，仔细观察植株的状态，一旦发现变化及早采取措施。

Q26 在梅雨季差不多结束时，枝干中只有一根干瘪枯萎了。

A 枝干中可能有天牛的幼虫，在植株基部有木屑掉落吗?

天牛的幼虫会以植株基部为中心，在树干内蛀食并用1~2年时间发育为成虫。可能由于梅雨季湿度高，枝干勉强没有枯萎，可梅雨季过后刚一开始干燥，大量水分通过叶片蒸发掉，植株平衡被打破，所以就枯萎了。

如果在植株基部有掉落的木屑，就是有幼虫的信号。幼虫从外面是看不见的，不论怎么应对都晚了一步，但还是要努力尽早采取措施▷P97。

天牛的成长

❶ 6~8月，成虫主要在植株基部产卵。

❷ 9月左右，卵孵化成幼虫并蛀食枝干内部。

❸ 幼虫会用1~2年时间蛀食枝干。虫孔不断扩大。

有木屑的地方=侵入口。用铁丝等伸入孔内钩出幼虫

DATA

天牛 ▷P97

出没期：全年（幼虫）、6~8月（成虫）

出没地点：植株基部附近

枯萎了的枝干要从杈根处切除

❹ 6~8月幼虫发育为成虫后，钻孔而出。

这是天牛已经离开之后的样子。成虫只咬食枝干的表皮

月季新芽发黑、萎缩，花蕾上有很多褐色污迹，是患苦夏吗?

是蓟马“干的好事”。模拟“下雨”，控制危害程度。

蓟马会从夏季到秋季大量出现，其特点是生长迅速，2~3 周即可从卵变为成虫，多发于阳台或屋檐下等淋不到雨的地方。作为防治措施，可以喷洒专用药剂，或者，因其讨厌水，可对着整棵植株喷水来控制危害。

除此以外，设置蓝色粘虫板、把剪短的枝条装入口袋扎紧后废弃▷P16 也有效。

被蓟马吸食汁液的花蕾（上）和因受害而蜷缩的叶片（下）

对着植株整体浇水，防止危害扩大

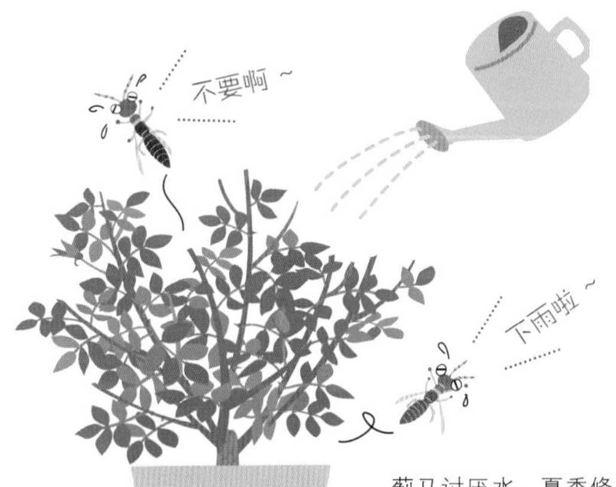

蓟马讨厌水。夏季修剪后在秋花的花蕾长出一周左右的时候，对着植株整体洒水（到 10 月中旬为止）

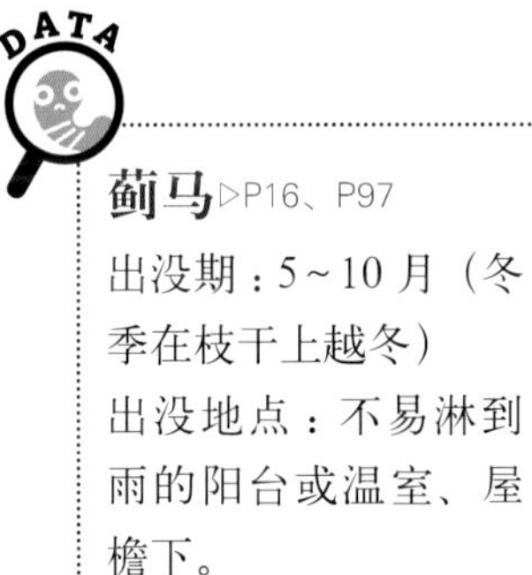

蓟马▷P16、P97
出没期：5~10 月（冬季在枝干上越冬）
出没地点：不易淋到雨的阳台或温室、屋檐下。

随着秋意渐浓，危害平息

到了深秋季节，夜间的露水打湿叶面，蓟马会自然骤减。有在盛夏被吸食而卷曲的叶片，但新长出来的叶片受害减少

蓟马在夏季繁殖!

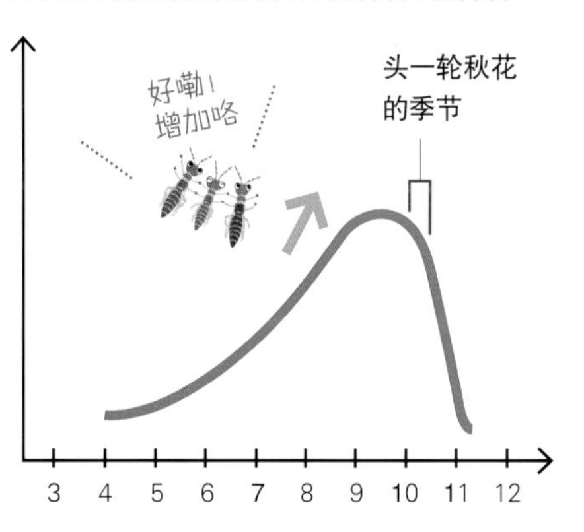

从夏末到秋季，除了以吸食花瓣汁液为主的蓟马外，吸食叶片的虫害类型也增加，迎来了虫害发生的高峰

明明有喷洒药剂，可每年还是遭受叶螨侵害，叶片像生锈了一般。

对叶片背面喷水，或 2~3 种药剂交替使用可减少叶螨。

连续 1 周左右对叶片背面喷水可防止危害扩大。

叶螨 ▷P98
出没期：5~11 月
出没地点：越不易淋到雨的地方越多发

叶螨亦称红蜘蛛，寄生在叶片的背面并吸食汁液。与蓟马▷P33相同，从夏季到秋季，在淋不到雨的地方大量出现。持续一段时间对着叶片背面喷水后会减少。

另外，用药剂驱除时，要 2~3 种交替使用。若程度较轻，还可利用淀粉液剂的黏性功能使其窒息。

秋花的花蕾上，有幼虫把头钻进去蛀食！

是棉铃虫的幼虫。一发现就要捕杀。

把虫卵刮掉

每天到了傍晚会在花蕾的上部产下 1 粒小颗粒状的虫卵。临近孵化时变成黑色

（右）真正是"藏头露尾"。不分昼夜蛀食花蕾。（上）被蛀食之后的花蕾

棉铃虫会挑选正好长到花萼要裂未裂这般大小的花蕾，在其侧面钻洞蛀食。由于昼夜不停地蛀食，所以应该比较容易发现和捕捉它们。

成虫会在傍晚时分飞来，并且每天在花蕾的上端产卵。若发现了附着的虫卵，只要刮掉即可驱除。

棉铃虫 ▷P97
出没期：9~10 月
出没地点：花蕾

Q30 我是盆栽种植的。为什么只有 1 株的叶片被圆圆地切割掉了，到处都是破洞。

这是蔷薇切叶蜂干的好事。用头脑大作战来击退它们吧。

蔷薇切叶蜂是个死心眼，它们会记住踩好点的月季，然后一寸不差地找回来。

可以利用该习性搅乱蔷薇切叶蜂。方法很简单，只要将花盆换个位置就可以了。1~2 周后，即使将花盆放回原来的位置，叶片也不会被切掉了。

暂时更改摆放的位置

方法只是与旁边的 2~3 盆草花换个位置。可以扰乱蔷薇切叶蜂的记忆

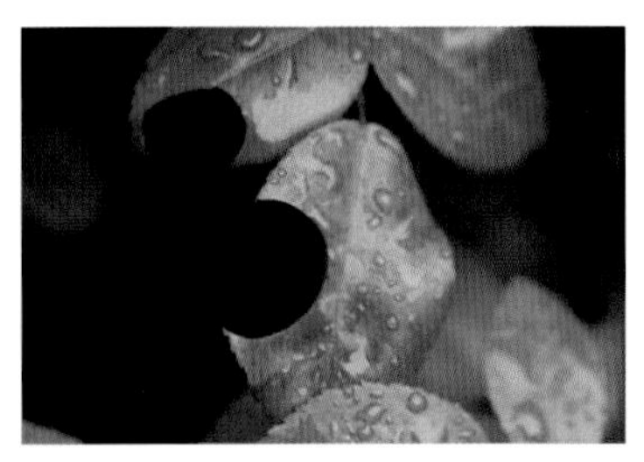

蔷薇切叶蜂并不吃叶片，而是将叶片切割成圆形，用于筑巢产卵

明明做了夏季修剪，可植株几乎没长出新芽，原来的叶片也开始发黄掉落。土壤也完全不见变干，植株会晃动。

很有可能是潜伏着金龟子的幼虫。要尽早采取措施。

出现以下症状要注意

- ☐ 每次浇水时植株晃动
- ☐ 完全没有杂草长出来
- ☐ 枝干细、叶片容易凋落、没长花蕾
- ☐ 盆土下沉了 3~5cm
- ☐ 盆土的表面不会变干

金龟子的成虫会咬食花和叶▷P15，幼虫会侵食根部。被咬食过的植株出现的症状虽然与害了苦夏▷P24略有相似之处，但土壤不变干、植株会晃动、盆中不长杂草这几点有很大的区别。

金龟子夏季在土中产卵，第二年5月孵化出幼虫。在冬季以外的3季中持续取食植株。只要在9月份进行处理，还是赶得上秋花的。

DATA

金龟子 ▷P97

出没期：8~11月（幼虫）

出没地点：月季附近的土中（日本金龟子的幼虫喜欢在草地附近）

盆栽的处理方法

从盆中取出植株，移栽到“小盆”里并使用新的介质。

为了与根系减少的部分取得平衡，要剪短枝条。

- 放在半日照的地方休养1个月左右。
- 换盆后喷施活力剂，并在2周后按照规定倍率施加液肥。

Point

状况不好的植株的换盆

- ☐ 剪去烂根和长枝
- ☐ 把叶片全部摘掉，剪去枯萎的枝条
- ☐ 根部在活力剂中浸泡30分钟左右
- ☐ 移植到小1~2圈的盆中

地栽的处理方法

浅翻土，捕杀地表附近的幼虫。

对可能有幼虫潜伏的地方翻土捕杀。但是由于会伤到根系，所以不宜深挖

活力剂

含有维生素和矿物质，可以使变弱的植株恢复健康

10月 沉浸在别具风味的秋花魅力中

'月读'（Tukiyomi）
花形美丽，每一片花瓣都如蕾丝般波浪起伏。开花性好、花形持久。枝干直立生长。带有甜甜的大马士革蔷薇的香味。花朵直径7~8cm，株高1.0~1.2m，强香。

度过酷暑之后气温逐渐下降，进入能够感受到凉意的季节。

可以欣赏到多季节开花月季的第三次美丽绽放。

暂时放下工作，悠然眺望月季的秋花，尽情享受吧。

10月的月季

进行了夏季修剪的话，会在同时期、同等高度集中开出秋花

月季能三度开出美丽的花朵。

第一次花开是在5月左右。花朵大而华丽，繁盛到遮掩枝叶，让人眼花缭乱。第二次是在梅雨季节前后。色调柔和的花朵静静地绽放。第三次是10月左右。在秋日晴空的暖阳下，开得色彩鲜艳、香味浓郁。随着气温下降，花形也更为持久，可以一朵一朵地慢慢鉴赏。这是只有种植月季秋花才会有的乐趣。

主要工作告一段落，好好地欣赏秋花吧

10 月要确认这些内容！

1 鉴赏月季秋花的花色与花形

'冰山'（Ice Berg）的春花与秋花

可以在 10 月和 12 月左右欣赏到 2 轮花开美景

2 花开完以后的修剪

- □ 如果希望接着开花则要尽早剪短。
- □ 为了保持植株体力充沛，要轻剪并保留叶片。

本月的日常养护

浇水	仅将土壤干了的植株浇透。即使靠近跟前的花盆盆土干了，靠里面的可能还是潮湿的，所以注意区别浇水。 不是特别干就不要浇水。
追肥	不要追肥。
病虫害对策	在花蕾上端发现白的或黑的颗粒（棉铃虫的卵）▷P34、P97 附着时，捏碎或刮掉。发现幼虫马上捉除。
其他	如果"秋老虎"还在持续，要做好防暑措施。 防台风措施、移植大苗。

Q32 我种的是丰花月季。长了很多花苞，可是也掉落很多，为什么？

A 花苞过多或根系受损时，会自行消苞以调整生长平衡。

生长失去平衡时，即使长出了很多花苞，也会掉落

花苞开始膨胀的月季是不稳定的。当发生了极端的变化时，为了保持植株的营养收支平衡，会自行消苞。最典型的情况就是因施肥、断水导致根系受损。为了尽早使植株恢复正常，可以先施加些活力剂▷P24。

Q33 秋花与春花相比不怎么香，这是为什么？

A 请把脸凑近了闻闻看，应该会有浓郁的芳香。

相对于气温逐渐上升、香味容易挥发的春季，秋季的气温还要低一些，所以香味也不易挥发。

请试着把花拿在手里凑近鼻子闻一闻。相信您会感受到比春季还要浓郁的芳香。

11月 栽种月季的最佳季节到来

11月的月季

进入11月之后，花的数量显著减少。一朵一朵，色彩浓厚，略带妖艳的花姿。此时，除了花后的修剪外，主要的工作都暂停。来好好地欣赏这充满韵味的秋花吧。

如果想在院子里种植新的月季，这时正是好时机。购买大苗并开始种植吧。

购买大苗，种植新的月季

11月要确认这些内容!

● 购买大苗并种植

秋冬季摆放在花店前的大苗，只要是多季节开花的，来年春季就可以欣赏花开了。要选择基部粗壮、枝干粗硬的植株。

培养土填到离盆缘2~3cm高度

嫁接部位不要埋入土中

种植时把根系仔细地展开

盆底只有一个排水孔时铺底石

本月的日常养护

浇水	土表干了以后浇透。水涝会导致生长变弱。
追肥	施1次含钾较多的液肥。 不要追肥。
病虫害对策	要注意黑斑病▷P14、P64、P99，白粉病▷P64、P99，霜霉病▷P99。病原菌会在植株或土中越冬，为了在来年后不复发，发现后最好喷施药剂。
其他	花开完之后轻剪。

Q34 10月份购入的大苗立即就种了下去，结果叶片长出来了。让它就这样过冬要不要紧？

A 可能是种植的时期略偏早了吧。在2月份好好修剪就不要紧

种植大苗的适宜时期是在月季的休眠期10月～次年2月，而最佳时期是11月下旬～次年2月中旬。若在这段时期里种植大苗，能在冬季牢牢地扎根。不过，偏早种植的话，温暖地区的植株在入冬之前就会舒枝展叶，有的品种甚至还会结出花蕾。这种烦恼可通过2月的修剪来解决！这里按不同的种植时期，分别介绍之后的植株变化和修剪技巧。

按种植时期区分的修剪技巧

偏早种植 10～11月中旬

根与芽开始生长
枝叶也茂盛起来

因为根、新芽、叶都开始伸展了，可能会被冬季的寒冷伤害。如果枝叶已经舒展，可在12月之前施放一次含钾较多的液肥。

剪短已经舒展的枝条
摘掉所有叶片

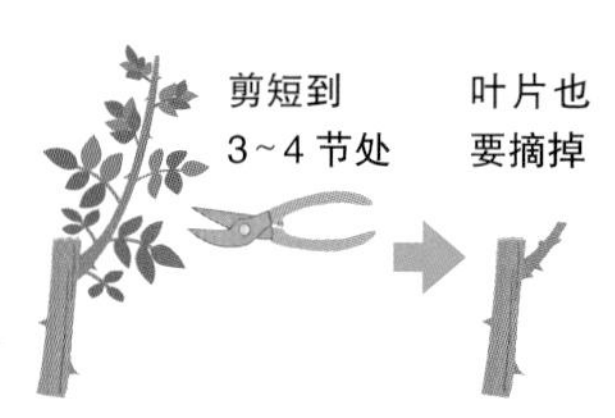

2月，把舒展开的枝条留下3～4节、剪短。尽可能保留紧实的枝条，并摘掉所有的叶片。

最佳时期 11月下旬～翌年2月中旬

根系慢慢地
扎实生长

只要是正常种植，芽在春季之前都不会有动静。根系会提前生长，从而可以从土壤中吸收到更多养分。

什么都不做也OK
剪短也OK

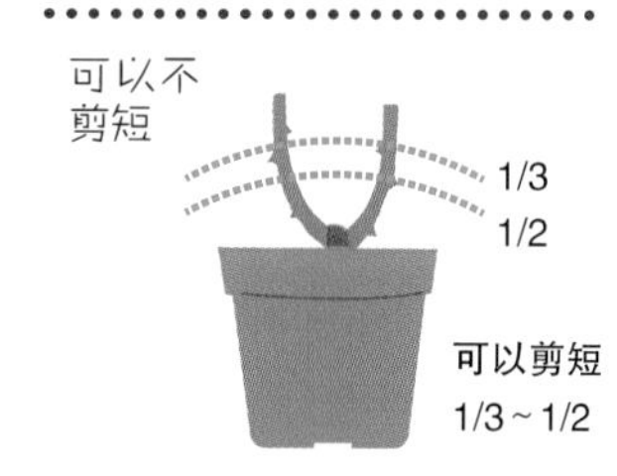

如果想要株型紧凑的盆栽，可在2月份将植株上部1/3～1/2剪短，基部会冒出新芽。

偏晚种植 2月下旬

根与芽马上就开始
生长、发芽较弱

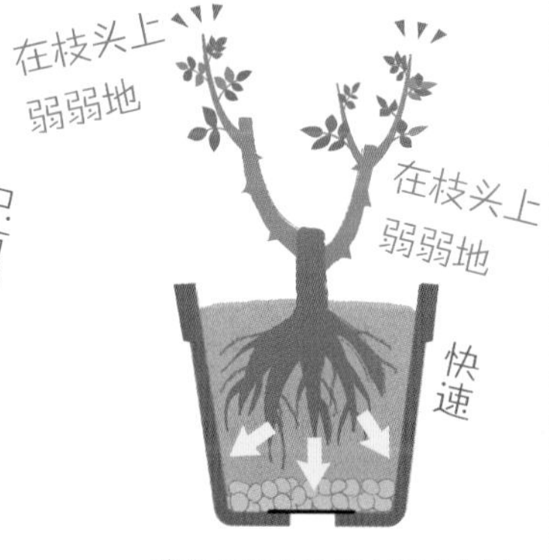

接近月季从休眠中醒来的时期，在根系扎牢之前，芽就开始生长了。

种植后不久
马上重剪

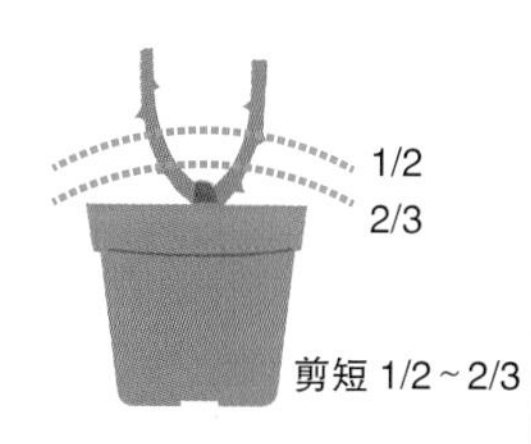

在种植之后立即重剪，把苗高的1/2～2/3剪短、减少芽数，集中发芽的力量。

12月 渐渐进入休眠季节，要做好入冬准备

红叶相继飘落，树木形如枯木，以此告知冬季的到来。这个季节，也是月季休眠的时间。

面临着换盆和修剪等重大任务，就此去适应寒冷吧。

望月季的秋花，尽情享受吧。

12 月的月季

花期也快结束了呢

寒冷使生长变得缓慢，整棵植株都透着红色。嫩枝也几乎停止生长，植株内部开始充实。此时，即使枝头上还有花蕾，却仿佛时间停止了一般，也不会再开出花朵了。

不过，在这大冷天里，叶片还在进行着光合作用，所以要让它充分地接受阳光与寒冷，为换盆和修剪储备好“体力”。

叶片从下方开始掉落，所有枝叶开始变红

虽然要适应寒冷，但也要小心照顾好根系

12月要确认这些内容

1 控制浇水

进入12月份后，盆栽和地栽植株都要控制浇水。土壤潮湿的话容易结冰，使根系受损。

浅浅地刨开土表，如果里面还残留着湿气，就不要浇水

不管人还是月季，都要让身体适应寒冷

本月的日常养护

浇水	盆栽 地栽	浅浅地刨开土，里面变干之前要一直控水。
追肥	盆栽 地栽	施1次含钾较多的肥料（液肥可）。枝干越硬越耐寒。
病虫害对策 强化月	盆栽 地栽	打扫地面的落叶，这些可能会成为病虫害越冬的场所。
浇水	盆栽	换盆。
	盆栽 地栽	剪短、种植大苗。

2 充分接触光照与寒冷

枝干越硬越耐寒。充分接触光照与寒冷，枝干会变得要紧实。

透着红色的冬季枝条

3 盆栽月季的防霜措施（严寒地区）

在寒冷地区，为了防止盆土结冰，把小盆移到阳光充足、温暖的屋檐下。可用套盆、多盆聚集的方法，使花盆侧面免受寒风吹袭，这样保温效果好，值得推荐。不能搬动花盆的话，可以铺上厚厚的麦秆等覆盖物。

可能有病虫害在麦秆下越冬，所以到了春季要清除并处理掉

我在冬季购入了月季。为了使植株不被冻伤，该采取哪些必要的措施呢？

问题是寒冷的北风和夜间的骤冷。要保护好“植株基部”和“根”，使其不受寒冷侵袭。

冻害

当地表温度急剧下降至0℃以下，出现土壤冻结或降霜，会把植株冻伤。如果是严重的冰冻，不仅枝和叶，连根系也会受到很大的损伤，使植株显著衰弱。

什么也不做……　因霜冻或骤冷导致土表冻成坚冰、根系受损

对策

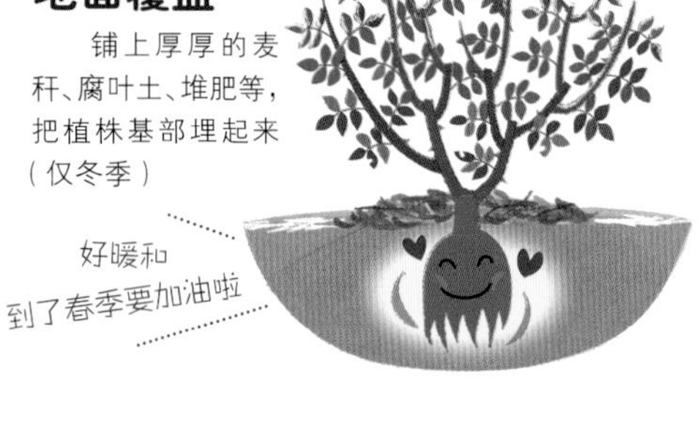

风害

多发于冬季降水量较少的地区（日本内陆平原地区、靠近太平洋的一侧、濑户内海沿岸等），受到寒冷北风的吹刮，枝与叶的水分被掠夺一空，变得干瘪并彻底枯萎。陶盆会因侧面吹到风而变得冰冷，盆内的根系也受到损伤。

什么也不做……　枝叶的水分被夺走

在花盆侧面会吹到寒风的环境中，盆里也可能会结冰。

对策

“基肥”是植株变大的起爆剂

肥料好比人类的食物。枝叶汲取营养从而增强体力，然后开出花来。实际上即使是同一棵植株，体形是否会一下子变大，取决于肥料的供给方法，您是否知道其中的诀窍呢？这就是在冬季对地栽施加的“基肥”。在此学习一下基肥这件深奥的事吧。

基肥 时期：12~次年2月1次
方法：挖掘数个坑、施加

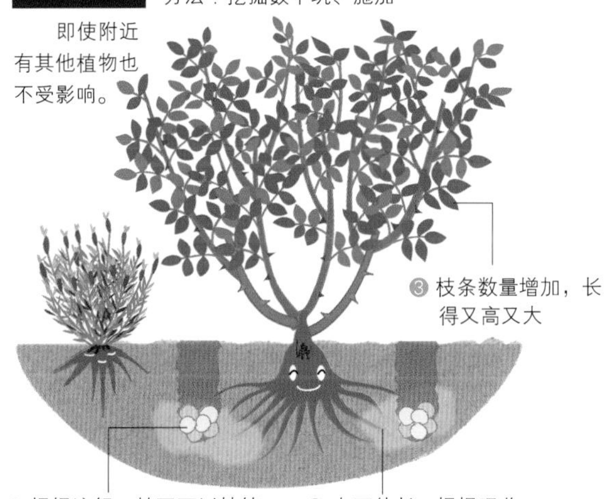

① 慢慢溶解，甚至可以持续0.5年~1年
② 向下伸长，慢慢吸收

追肥 时期：定期
方法：施加在土表

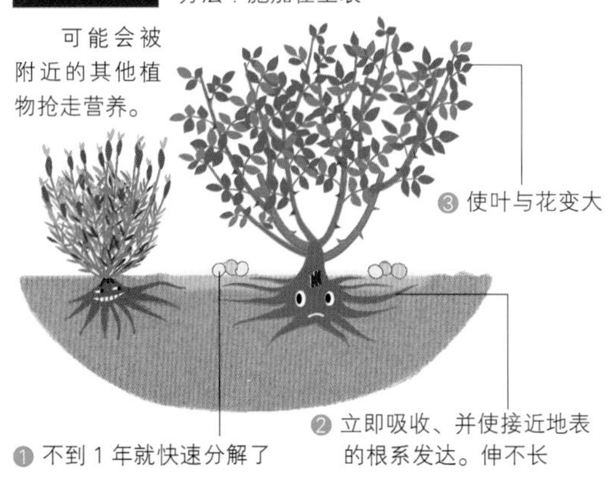

- 等间距并且在同心圆上施加
- 遵守用量上限，等分后施加

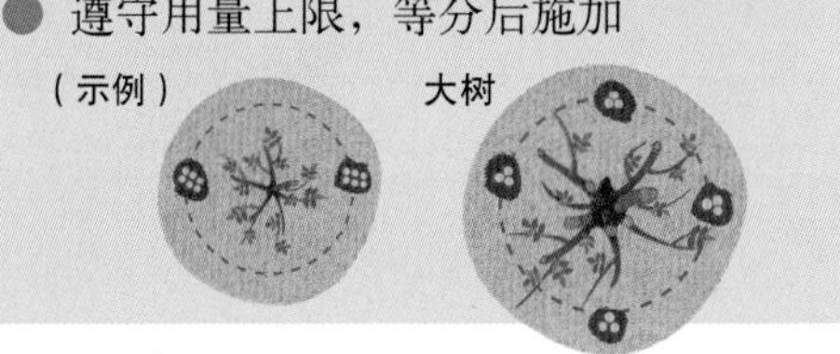

基肥是将营养“一次付清”

“基肥”是指在冬季施加肥料时，事先给予一年的营养量。只要这时施放一次，基本上之后就不需要再施肥了。

月季生长所必须的营养量，是通过“基肥”在一年里一点一点地给予？还是随时给予追肥、使“总收支”保持平衡？其实也就是“一次付清”还是“分期付款”的区别。只要符合其中一个，不管哪个方法都是OK的。

基肥是“株型肥”

那么，施基肥会有怎样的“好处”呢？说到底还是出芽的多少。在冬季休眠期里施加了基肥的月季，枝条数量是完全不同的。因此，正如冬季的基肥被称作“株形肥”一样，对于想将植株养得大一些的人来说，这是个有效的方法。

关键是施肥的方式。不能像追肥那样放在土表，要“放入”到土壤里面。

使寻求营养的根系伸得长长的

最佳时期是月季处于休眠期的12月~次年2月。以植株为中心，在离植株基部20~30cm远的地方，等间距地挖掘数个直径30cm、深30cm以上的坑，放入规定剂量的基肥专用肥料。

这样在土中放入固体的肥料之后，养分会缓慢地一点一点溶解。当月季从休眠期中醒来，因为对养分的渴望，会“贪婪”地将根向下再向下伸长、扎向土的深处。

另外，因为肥料是放入到土壤里面的，不容易被附近的植物抢走营养，这也是一个好处。

耐寒的灌木月季

每年都会有月季被冻伤。请介绍些在严寒地区也能种植的健壮的月季。

推荐在德国或英国等地培育出的月季，或者是继承其血统的月季。
在此介绍 7 款在寒冷地区也容易栽培的品种。

‘斯达尔夫人’（Madame de Stael）

花朵直径 9～12cm，株高 1.2～1.5m，强香。

一边开花一边从粉色转变成浅鲑红色，但花瓣背面为白色，属于花瓣双面双色，每次开花都会有色彩的变化。花量大，多头开放。抗病性突出。

‘热带冰果子露’（Tropical Sherbet）

花朵直径 8～9cm，株高 1.2～1.5m，中香。

金黄色花瓣有一定厚度，边缘会变为橙色、红色、粉色。丰满的杯状花形，1 枝上能开出 5～12 朵花。抗病虫害强。

‘冰山’（Ice Berg）

花朵直径 6～8cm，株高 1.0m，微香。

充满清秀文雅气质的美丽白月季。秋季会染上淡淡的粉红色，给人不一样的印象。刺少，耐热耐寒，易栽培。

‘波莱罗’（Bolero）

花朵直径 10cm，株高 0.8m，强香。

雪白、柔软的花瓣蓬松地重重相叠。有热带水果的芳香。因为株形紧凑，适合盆栽。虽然是细枝，数年之后能长成美丽的大株。

‘诺瓦利斯’（Novalis）

花朵直径 9cm，株高 1.5m，强香。

明亮薰衣草色的杯状花成簇开放。花瓣尖曲线分明，气质高雅。抗病性强，健壮、能多次重复开花。

‘真宙’（Masora）

花朵直径 7cm，株高 1.0m，强香。

热情的杏橙色深杯状花朵。花量大、花形持久，有柑橘类水果的芳香。抗病性强，易栽培。

‘玫瑰花园’（Garden of Roses）

花朵直径 7~8cm，株高 0.8m，中香。

花色由杏黄到粉色，花朵为温暖而轻柔的莲座状花形。树势紧凑，花量大，不论地栽还是盆栽，花都能长得很好看。

1月 进行换盆使根系恢复活力

把进入休眠期的盆栽月季移植到大一圈的花盆里。

月季栽培成功的关键在于休眠期中的冬季养护。为了使其能够在春季开满美丽的花朵，对于存在根系过密等问题的盆栽月季，要在1月份做好换盆工作，使其恢复活力。

1月的月季

渐渐发困了
迷迷糊糊……

只有枝干的上方还残留着变成红色的叶片，掉了叶片的枝条开始发红。此时，植株几乎不再活动，进入了“休眠”的状态。

在植株休眠时即使把根切断，损伤也比较少，所以是盆栽月季进行换盆、更新根系的最佳时期。确认健康状态，根据植株状态进行换盆。

除了要换盆的盆栽月季，在冬季修剪前的1~2周，都要保留叶片不要摘掉，让它们尽可能多地进行光合作用

结合月季的健康状态进行换盆

1月要确认这些内容

较小的花器基本上1~2年换一次盆，较大的花器则2~3年换一次盆

1 哪些月季需要马上换盆

- ☐ 盆高与株高的比例不平衡
- ☐ 根系过于拥挤

2 提前做好换盆的准备

3 根据植株状态进行换盆

盆高与株高的比例为1：1~1：3为最佳。上图植株比例不佳，需要立即换盆

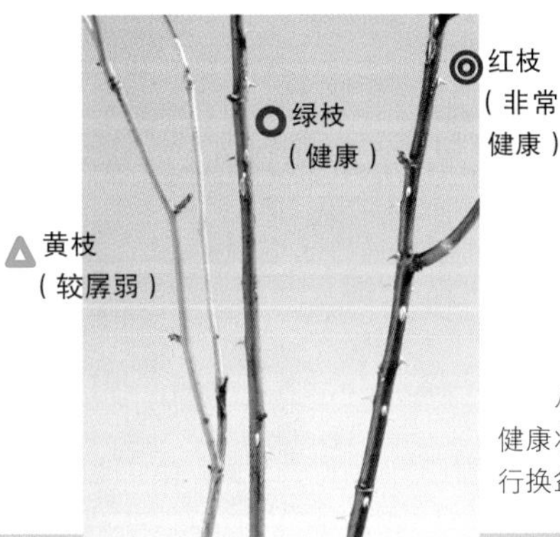

从枝条颜色可以判断其健康状态。根据健康状态进行换盆，可强健根系

本月的日常养护

浇水  轻轻挖开一层土，如果里面干了就浇一次水。

追肥  不需要。

病虫害对策  枝干上若发现介壳虫▷P51、P97，可用旧牙刷刷掉，也可用喷雾喷杀。

其他 霜冻防治▷P41、P42

 如果不需换盆，则需要在修剪1~2周前摘花摘叶，然后进行冬季修剪和大苗的定植▷P38、P39

1月 移栽·定植

Q37 想给月季换盆，应该如何处理从花器底部长到地底的根？

A 从花器底部长出的根，可以干脆地剪断，然后按照常规顺序定植就可以。

进入冬季休眠期的月季，具有很强的修复能力，可以放心地修剪根部。扎根第一年的植株，可以用剪刀将长出盆底的根全部剪断，然后将植株从花器中拔出移植，第二年春季就可以开出很多花了。

地栽月季扎根第二年根部如何处理

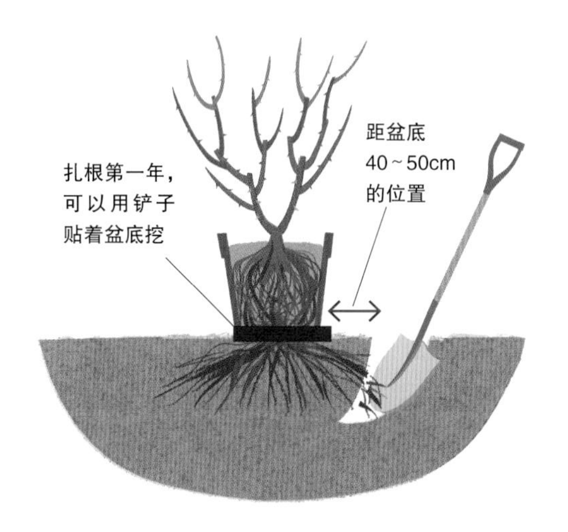

扎根第二年，基本上就是地植状态了。可用铲子从距离盆底40~50cm的位置向下挖，注意不要弄断过多的根系

Q38 我家杜鹃树篱旁有一株有点发育不良的月季，不怎么开花，可是杜鹃却花开不断，这是为什么？

A 因为月季根部生长状态较杜鹃处于劣势。应将两者隔开，并且将月季这边的土壤进行改良，这样月季才能健康生长！

杜鹃偏好酸性土壤，月季偏好弱酸性土壤。只有杜鹃生长情况良好，也许是因为土壤。杜鹃为了获取酸性土壤中的养分，扎根到了月季一侧。所以即使施肥也会被杜鹃吸收，导致月季生长不良。此时应改良月季的土壤环境，并将杜鹃隔开，使其无法再与月季抢夺养分。

恢复月季良好的生长环境

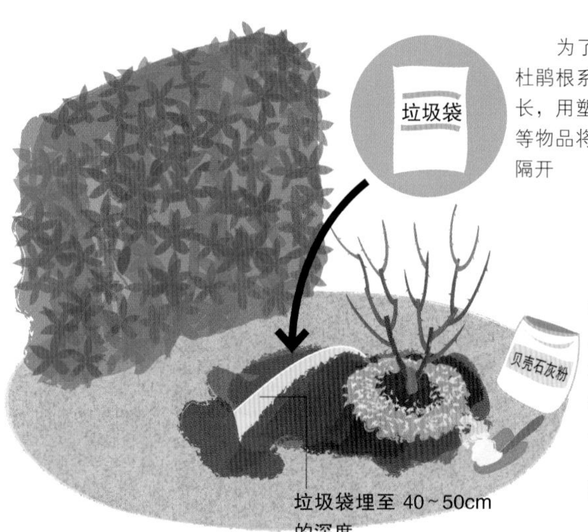

Point

喜好酸性土壤的杜鹃科植物蓝莓与月季是否搭配呢？

喜好酸性土壤的植物代表就是杜鹃科，蓝莓就是杜鹃科植物的一种，但因为月季偏好的是弱酸性土壤，所以与蓝莓并不搭配。

Q39 盆栽月季换盆期为 1 月，修剪期是 2 月，为避免麻烦可否同时进行呢？

A 处于休眠期的月季是可以同时进行这两项作业的，尽量在 2 月中旬之前完成，3 月中旬再在芽点处进行剪枝。

月季在停止生长的休眠期，是可以同时进行移栽和修剪的。千万别拖到春季还没完成移栽和修剪。

1 月是同时进行移栽和修剪的最佳时期，最晚也要在月季开始发芽的 2 月下旬之前完成。挖出植株，抖掉根部多余的土，然后将植株根部放进按照规定浓度稀释的活力剂▷ P24 中，泡 30 分钟左右，之后就可以直接定植了。

接下来的工作就是观察 3 月发芽的状态，如果枝梢的芽比较孱弱，就要剪掉。

3 月份要在健康芽点的上方剪枝

如果枝梢的芽比较孱弱，就要在其下方第一个健康的芽点上方剪短

Q40 想移植地栽月季，要在什么时期、如何移植呢？

A 在休眠期用铁铲将整株挖起，然后移植到喜欢的地方吧。

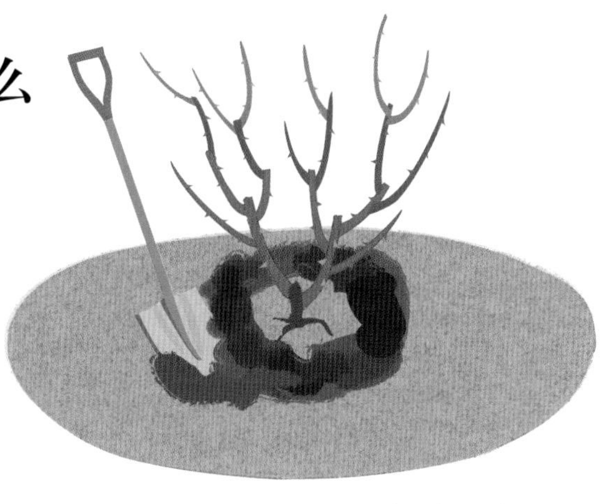

以植株底部为圆心，用铲挖出一个半径为30~40cm的圆，斩断多余根系

对于地栽月季，在休眠期内可以放心地移栽。需要注意的是，尽量保留根系。

以植株底部为圆心，用铲挖出一个半径为30~40cm的圆，然后将植株挖出，不用担心弄掉根系上附着的土壤。

移植重点

- 在休眠期内可以放心地移植，大株的月季也没问题。
- 为保留更多的根系，所以要在距底部枝干30~40cm的位置挖。

Q41 盆栽月季每次换盆都要换大一些的盆吗？院子比较小，不想占太多的空间。

A 如果已经是大直径花器的话，就不需要改变尺寸了

可能大家都觉得换盆一定要换大尺寸的花盆，其实这取决于每个人想要的株形。如果觉得现在的株形很适合的话，就不需要换大尺寸的盆器。

重要的是随着植株的生长，根系和枝干的生长也需匹配协调。想要株形再大些，那就换大尺寸的花器；想要维持现有株形，就不需要改变盆器的尺寸。只需要将其进行彻底的剪枝，植株彻底恢复，春季就能开出美丽的花。

不改变花器大小要如何换盆

- 弄散根系并保留1/4~1/2的土，然后填1/2~3/4的土
- 剪断伤根和长根
- 2月彻底修剪，控制高度，保持盆高与株高为1∶1的理想比例
- 每年换盆

想要大株月季

按正常的移栽要求进行就可以

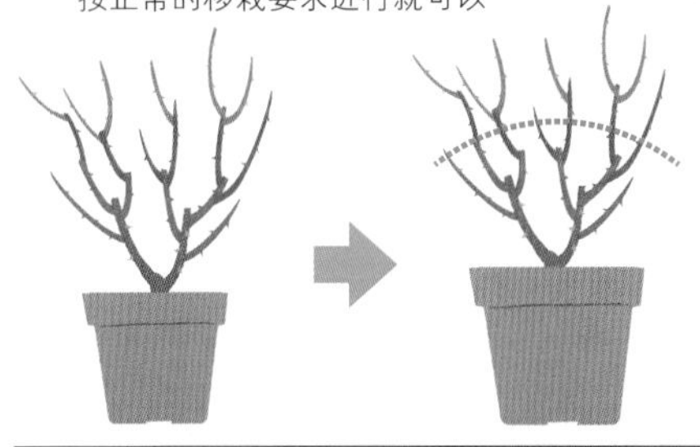

想要维持株形

换盆后进行彻底修剪，以免整体平衡感被破坏

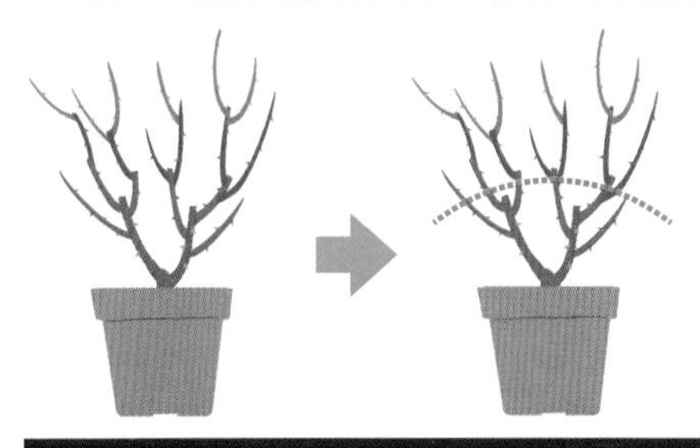

状态不佳的植株

剪掉黄枝、枯枝，然后换到小1~2圈的花盆里▷P35

刺是月季动人之处，千万不要讨厌它哦

月季的刺是否没有一点益处?

经常可以听到月季爱好者倾诉一些烦恼："刺很危险，容易使小孩子受伤""整理庭院时很容易受伤"。究竟月季的刺对我们有没有好处呢？下面我们就为大家介绍刺对月季的作用和它的处理方法。

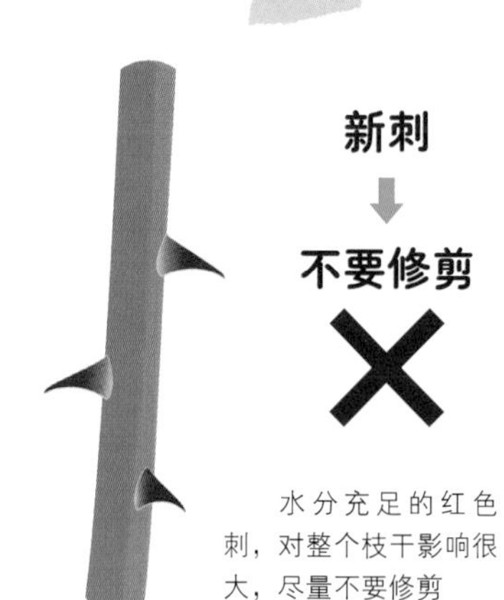

水分充足的红色刺，对整个枝干影响很大，尽量不要修剪

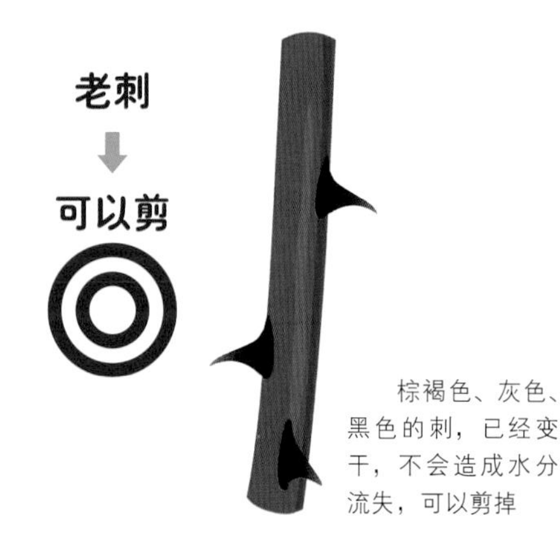

棕褐色、灰色、黑色的刺，已经变干，不会造成水分流失，可以剪掉

只修剪刺的尖端就可以

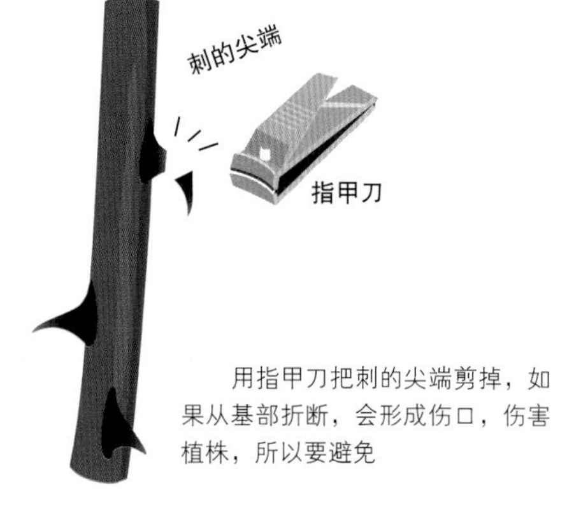

用指甲刀把刺的尖端剪掉，如果从基部折断，会形成伤口，伤害植株，所以要避免

● 刺少的品种比较受欢迎

每当经过小路，会被月季的刺钩到衣服；园艺作业时也会被刺到。刺一直被大家讨厌。日本很久以前就把"刺少的月季"作为一个选择标准了。这对月季爱好者来说，是一个无法忽视的选择要点。但是正因为有了刺，月季这个品种才得以生存下来。

● 刺是月季的保护屏障

仔细观察月季的刺，你会发现它们形状各异。有大刺、细刺、钩状刺等。刺是野生种月季的残留物。它是为了延续品种而进化产生的物质。

这些密密的刺既可以防止阳光直射枝干，又可以作为"毯子"抗寒，还可以像仙人掌的刺一样，收集水滴，以使其流到根部，有时还可以抵御外来侵害。总之，月季的刺是它自身的保护屏障。

● 选修老刺

虽说刺对月季来说是一种保护，但从安全方面考虑，多数人还是希望修剪掉。只需要用指甲刀剪掉月季刺的尖端即可。

但并不是所有刺都可以修剪，只可以修剪完全干枯，变成灰或褐色的老刺。如果修剪嫩红的新刺，便会形成许多伤口，造成水分流失，影响植株生长。所以一定要等到刺变干后再修剪。

病虫害烦恼Q&A

冬季篇

冬季在修剪和移栽的时候，平时没注意到的病虫害就显现出来了。那就趁着越冬休眠期做好对策，预防病虫害蔓延吧！

Q42 每年都辛苦地对抗介壳虫，有什么好办法呢？

A 击退方法就是用牙刷刷掉，防治方法是让枝条经常接受雨水和阳光。

介壳虫每年通常会爆发两次，6~7月或9~10月变成虫。10月以后只有受精的雌性可以越冬，第二年春季产卵

一发现就要立刻刷掉

圆形较大的是雌性

小颗粒状的是雄性虫的壳

没有阳光照射的一侧和淋不到雨的地方，容易出现大面积的介壳虫。其刚刚出生的幼虫马上就会长出“脚”，但是几乎一整天都不会再移动了。雌性成虫在原固定处取食

介壳虫的基地隐藏在看不见的地方

危害月季的介壳虫学名叫白轮蚧，喜好阳台、窗边等淋不到雨和晒不到阳光的地方。基本上集中在植物的死角——叶片下的枝干上，所以在月季生长期很难发现它们。冬季叶片掉光才会被发现。感染扩大对植株本身会造成伤害，一定要注意。

发现后要如何处理呢？一旦发现，就要用牙刷刷掉。偶尔用专用的杀虫剂灭虫也可以的。预防方法就是改善环境，将其暴露在阳光和雨水中。

玫瑰轮盾介壳虫▷P97

出现时期：整年

出现部位场所／部位：阳台、墙面不容易看到的地方、基部的裂口处

Q43 我的月季患上了根癌病！好像没有专门的药剂，怎么办？

A 发现后即刻摘掉瘤状物，然后给植株换土。

根癌病是土壤中生存的病原菌从根部伤口侵入植株引起的病害。金龟子▷P35的幼虫啃食根部或肥料烧根等原因都会引发。这些瘤状物会阻碍营养向枝干的输送，导致植株变弱。只需把膨大的瘤状物摘除，然后给植株换上新土，就可以阻止症状的恶化。

很多白色的瘤状物长在靠近地面的根茎部，颜色由乳白逐渐变褐色

发现后即刻摘掉瘤状物

放任不管的话，这些瘤状物会阻碍营养向枝干的输送，导致植株变弱，引发营养不良。

换土

换掉感染病菌的土。使根部稍稍干燥，瘤状物就不会再膨大了。

根癌病

发病期：整年

发病场所：土中、从根部的伤口侵入植株

2月 通过冬季修剪获得理想株形

一年之中最寒冷的季节到来了，为了让月季能在春季华丽绽放，我们要趁它处于休眠期进行修剪，重整株形。

2月的月季

修剪后焕然一新

从1月中旬到2月中旬，月季会将营养储存于根基部，进入休眠期。在休眠期即使重剪，也不会对植株产生负担，相反还可以使植株恢复活力，所以休眠期最适合修剪。

2月下旬以后，储存在根基部的营养开始向枝条上输送，促发新芽。如果这时进行修剪，留下失去养分的老枝，就会导致营养流失，对植株造成很大负担。所以修剪这项工作一定要在2月中旬月季开始萌芽前完成。

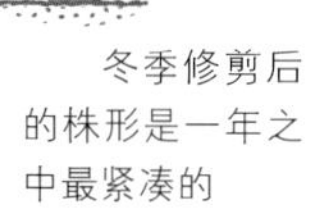

冬季修剪后的株形是一年之中最紧凑的

在2月中旬进行修剪，让植株恢复活力吧

2月要确认这些内容

1 尽量在修剪1~2周前摘叶

月季落叶后枝条会停止生长，开始休眠。所以即使剪掉枝梢，也不会浪费养分

2 寻找健康芽点，决定修剪位置

3 在全株高度的1/2~1/3处进行修剪

本月的日常养护

浇水	轻挖表面土壤，浇水见干见湿。 有雨水滋润的地方不需要浇水。
追肥	不需要。
病虫害防治	掀开基部树皮，如果发现越冬的介壳虫、红蜘蛛，可以在地面铺一层报纸，用旧牙刷将它们刷掉，或者喷药。
其他	注意保暖，以防霜冻。 大苗的定植/除草/中耕。

冬季修剪

攻略Q&A

冬季对月季进行修剪，春季便可华丽盛开。掌握修剪的基础，从今年开始参考的“有目的地进行冬季修剪”▷P55，根据不同的目的和场所来改变管理方法，按照自己的喜好进行修剪吧！

基本

○ 健康芽

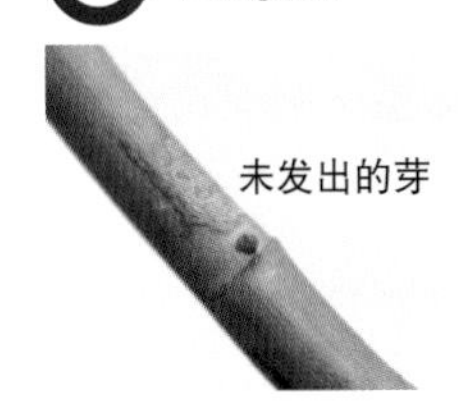

× 孱弱芽

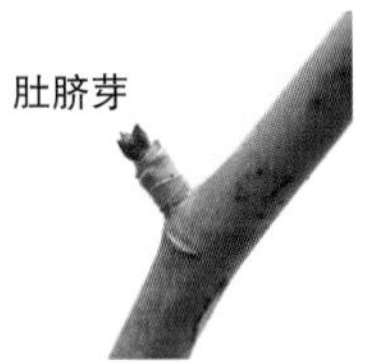

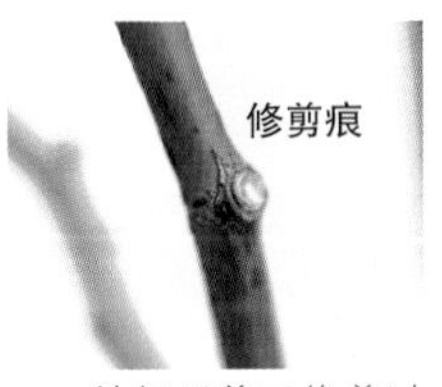

曾经用剪刀修剪过的部位，再次剪短后，是无法再长出健康芽的

在健康嫩芽的0.5~1cm上方修剪

通过改变月季的株形、控制高度，可以促发新芽，增大花量。特别是有“红色的芽”的粗壮枝条，会长出健康的新芽，所以要在长成的红芽之上修剪。

在植株整体的1/2~1/3处修剪

冬季修剪基本要剪到植株整体的一半以下。修剪的位置决定后，首先要将枯枝弱枝及无用枝剪掉，然后休整整体株形。

冬季修剪的技巧

- □ 枯枝、快枯的黄枝、细枝，都要从基部剪断
- □ 要以植株整体高度的1/2~1/3为基准修剪
- □ 在健康壮实的红芽上方修剪
- □ 过粗的枝条要强剪

要以植株整体高度的1/2~1/3为基准修剪

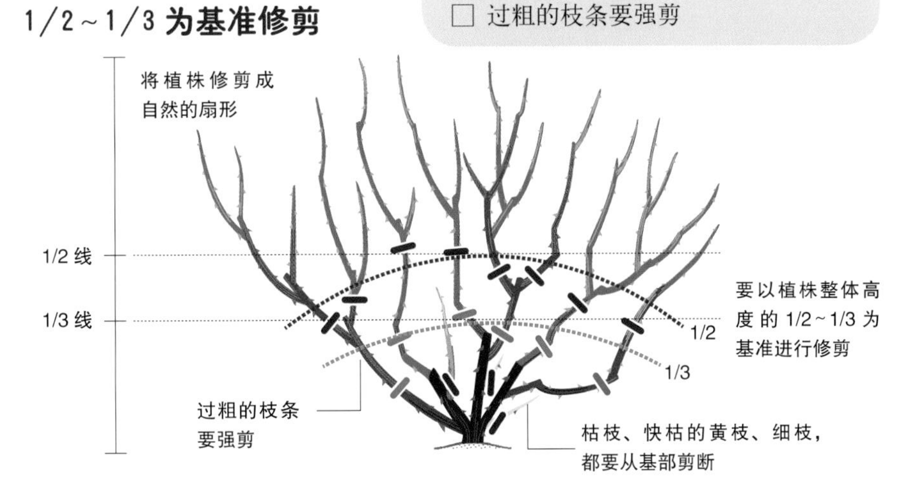

要以植株整体高度的1/2~1/3为基准进行修剪，这样才能长出很多健康的芽和壮实的枝条哦

基本

大花形品种 只留下比铅笔粗的枝条

在健康的芽上方修剪，剪到全株高度的一半位置

只留下比铅笔粗的枝条，剪掉细枝

在健康芽点修整全株造型

按照花形大小进行修剪，花会开得更美哦

健康的植株，要在整体高度的1/2~1/3处修剪。按照花形大小剪枝吧。

中花形品种

只留下比一次性筷子尖端粗的枝条

小花形品种

只留下比关东煮串枝粗的枝条

※ 因品种不同，多少有些差异

如果冬季不修剪枯枝的话会怎样?

如果留下枯枝和黄枝的话，基部就无法有效地向枝条输送营养，还会影响通风和日晒，并且容易引发病虫害。更加严重的是，难发新枝，易落蕾。

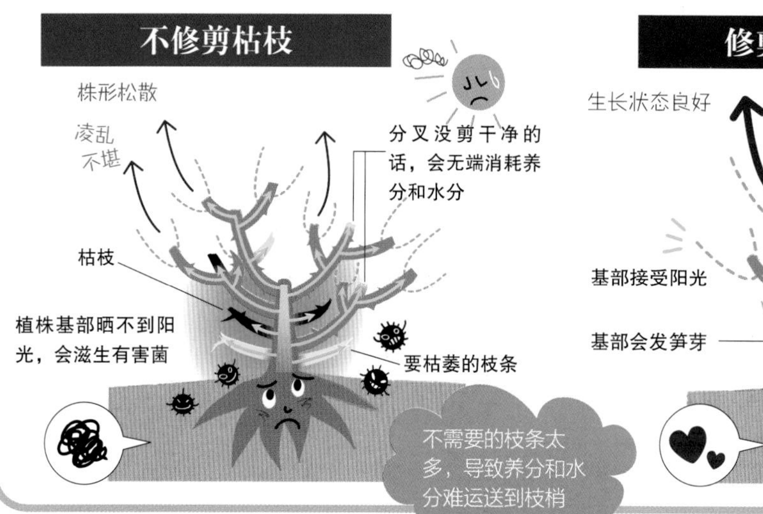

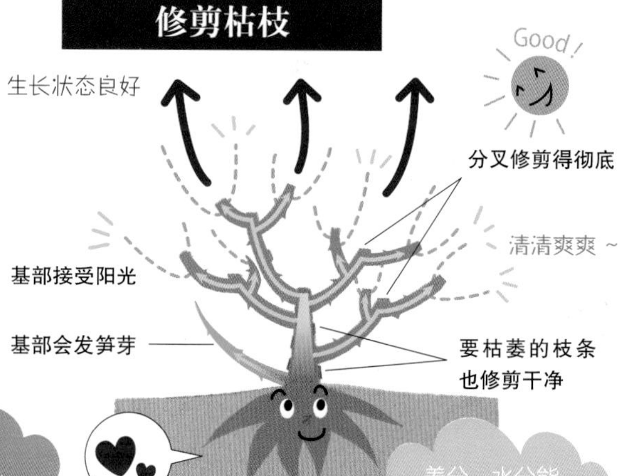

在墙边种植的月季要如何修剪才能让其开花茂盛呢?

给予枝梢充足的阳光!
将植株修剪成阶梯形。

盛开的灌木月季。前方的是艾玛·汉密尔顿夫人(Lady emma hamiton),右后方的是牧羊女(The Shepherdess)

一般我们会将植株修剪成扇形,但是阶梯形更容易接受到阳光

灌木月季一般会建议修剪成扇形,这样会让每根枝条都能接受到充足的阳光,整体都容易开花。不过如果将种植在墙边的月季修剪成扇形的话,靠墙一侧的枝条将无法接受阳光,还会难以开花。这种情况不建议修剪成扇形,要修剪成阶梯形。这样一来,每根枝条都能接受到光照,整株都能开花了。

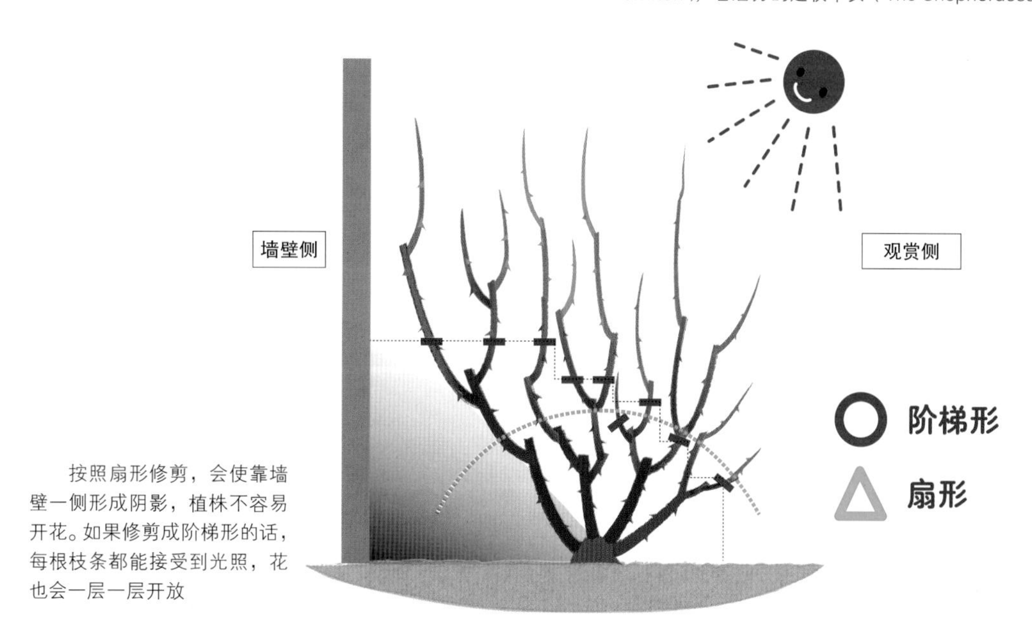

按照扇形修剪,会使靠墙壁一侧形成阴影,植株不容易开花。如果修剪成阶梯形的话,每根枝条都能接受到光照,花也会一层一层开放

Q45 为了享受月季的花香，让它沿着围栏生长，但是不知不觉就长得太高了。

A 为了让花都盛开在围栏内，一定要好好修剪。

通过修剪控制植株高度，保持花量

月季喜欢通风的环境，但是过强的风会使整株植物摇动。想要被月季甜美的花香包围，就要知道“强风”和“通风”两种环境带来的后果是完全不同的。特别是圈在围栏内种植的话，伸出围栏的枝条受到的风会更强。所以一定要通过冬季修剪使之恢复。

果香浓郁的‘波莱罗’(Bolero)

✕ 修剪得过高（会容易引起落花落蕾）

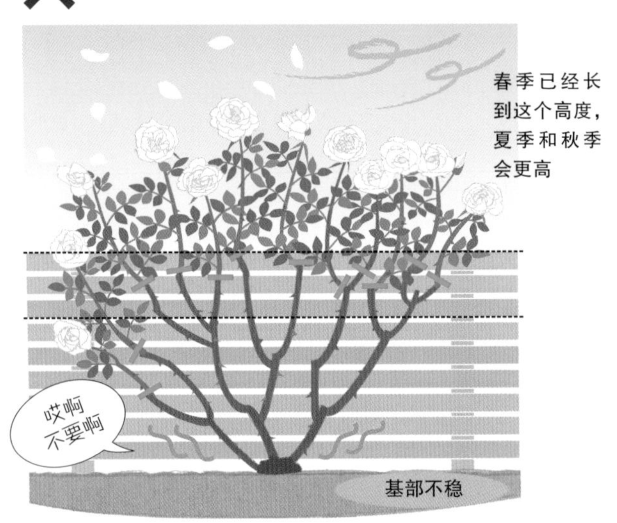

如果将植株修剪得过高，春季开花的位置也会变高，如果花的高度超过了围栏，那么强风会使整棵植株摇动，花蕾和花朵都会被摇落

○ 按照要求修剪

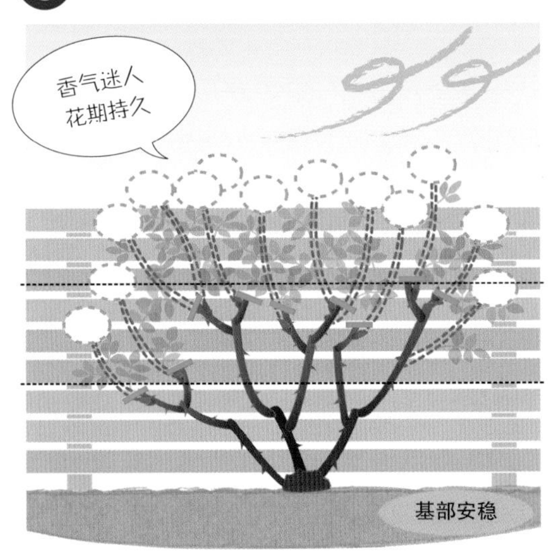

前一年过长的枝条如果长出了健康的红芽，那深剪也没问题了。春季和秋季的花期过后，也要注意控制植株高度，防止枝条再长出围栏

Q46 即使是小小的阳台，也想种上好多月季！

A 在外枝的内芽上方修剪，会使株形紧凑。

控制枝条不让其向外扩散，防止与旁边枝条纠缠在一起

如果在向外生长的芽点上方修剪的话，会促使新芽向外生长。这是确保获得良好通风和充足日照，使植株健康生长的技巧。

但是对于想在小空间种植月季的人来说，这样做会使向外伸展的枝条与旁边的植株相互缠绕，很难打理。的确想要在小阳台上种满月季，太难以实现了。

这种情况需要在外枝的内芽点上方修剪，每根枝条之间的距离会变小，就可以抑制植株扩张，使株形变得修长紧凑。植株之间的距离也会变小，这样就可以再添置一两盆喜欢的品种了。

阳台上很多被修剪成灌木月季风格的月季，最前面的是波莱罗（Bolero）。左侧里面的是塞丽娜・杜伯斯（Celina Dubos）。里面中间位置的是查尔斯・瑞尼・麦金塔（Charles Rennie Mackintosh）

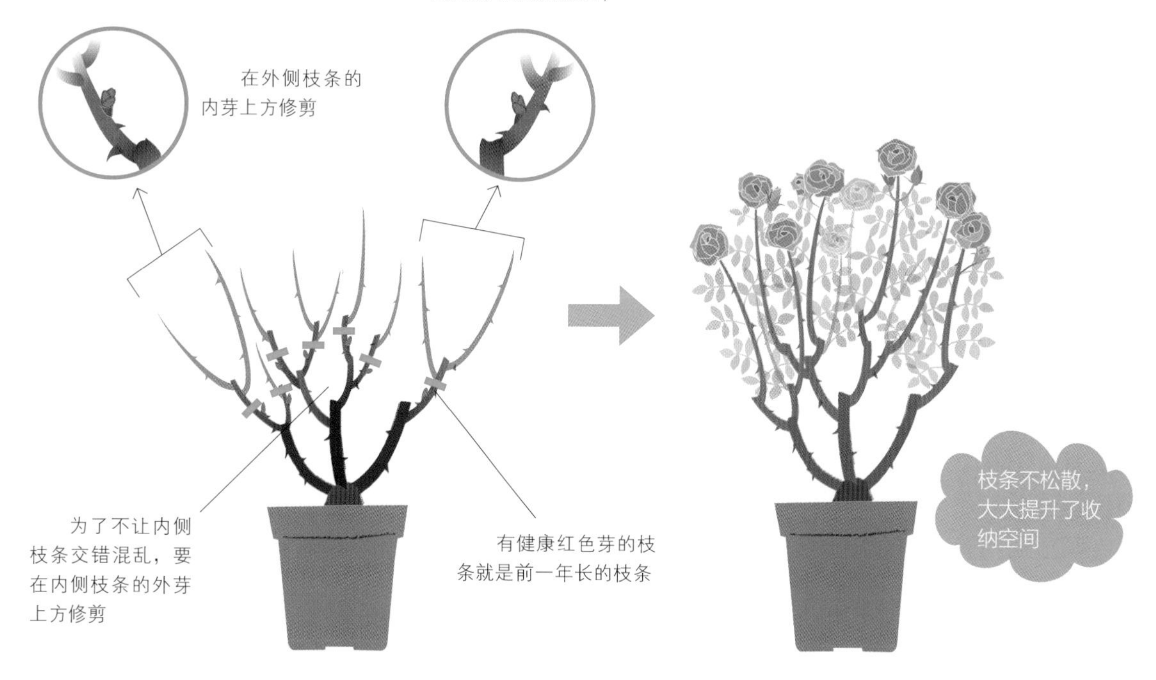

因冬季修剪不正确，导致株形不整齐，如何在春季之前修整株形呢？

越粗长的枝条越要强剪。

如果冬季进行修剪，既可以修整株形，还可以调整整体造型，春季开花时会更完美。照片中的品种是'赫尔穆特·科尔'（Helmut Kohl Rose）

控制粗长枝条的长度，调整整体株形

每年冬季修剪后，过了1年树形就恢复到松散的样子了。健康的月季都会有1~2根粗长枝，这样植株也容易变高。如果想控制高度，追求完美株形，就要在冬季将粗长枝进行强剪。这是非常重要的一环。

月季的粗枝养分充足，非常健康，可以放心修剪。

Before
冬季修剪

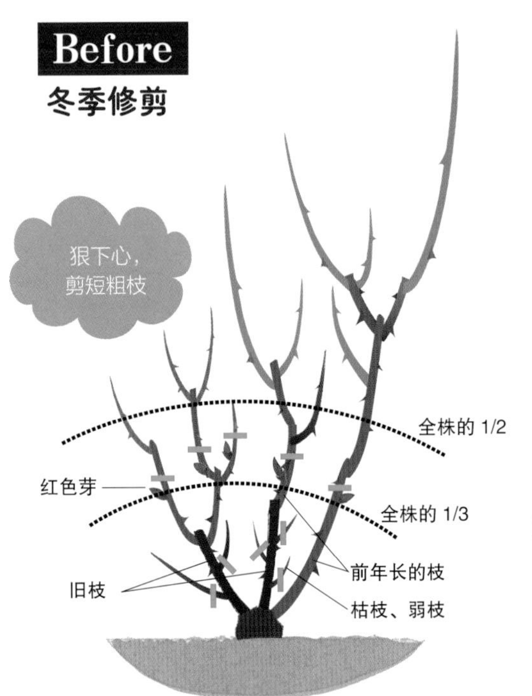

枯枝和弱枝要从基部剪断，要剪到整体高度的1/2~1/3，去年新发的枝条要在红色芽点上方修剪。粗长枝要强剪

After
春季开花

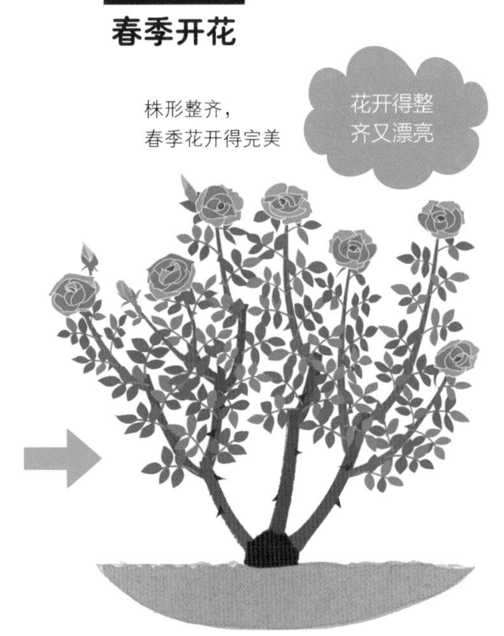

要注意修剪后汁液的流失

月季冬季修剪后，切口会不断流出汁液。为什么会这样呢？如果汁液流上 1~2 周的话，就会影响发芽，造成枯萎。本节课就是介绍如何防止汁液流出。

暴露在风雨中

凉爽的风和骤雨都会缓解这个状态

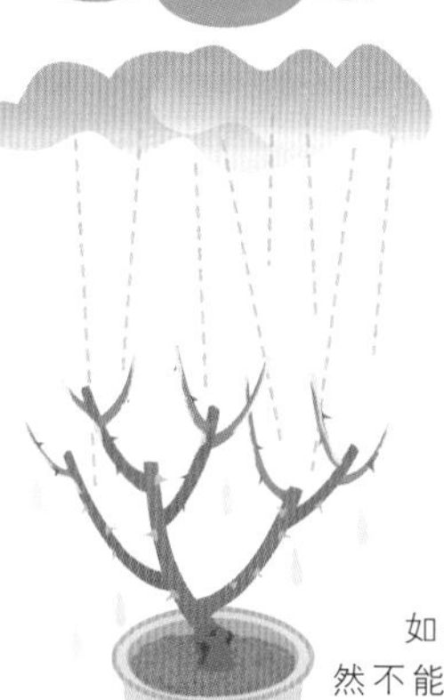

如果重新修剪依然不能改善，就可以将植株暴露在风雨中

下侧芽长出来就要剪枝

剪枝后就会恢复活力

在这个位置修剪

不会再长芽

长出芽

流出汁液会导致枝梢难以出芽

防止汁液流出

- ☐ 换盆时一定要整理好根系
- ☐ 修剪要在 2 月中旬前完成
- ☐ 修剪前 2 周要完成摘叶工作
- ☐ 发芽前适当让植株经历低温

愈合剂的使用方法

- 修剪后
  ➡马上涂在切口
- 如果流出白色汁液
  ➡在健康的芽点上方剪枝，然后马上涂愈合剂

拯救从切口不断流出的汁液

冬季修剪有时切口会流出汁液。汁液流失，是因为气温过低，枝条进入休眠状态，根部却未休眠，这种不正常的状态会引发植株汁液流失。

如果 2 周以内植株汁液不流了，就不需要在意。但是过了三四周以上都止不住的话，就需要在此根枝条下方一个芽点处重新修剪。

另外，凉爽的风和骤雨都会改善汁液流失的状况。但如果在这种状态下施肥，会使情况更加严重，所以 3 月前就不要施肥了。

检查容易流失汁液的环境

这种情况多见于地面热量不易散去的南侧屋檐下和室内以及阳台。特别是没换盆的植株，还有换盆时没整理根系的植株，以及修剪不及时的植株等，都容易在修剪后流出汁液。

在冬季修剪前经历过严寒的植株不容易流出汁液。休眠期的任务还包括提前预防此类问题的发生。

粗枝进行强剪时要使用愈合剂

知道当前环境很容易造成汁液流出，就要在修剪后马上给切口涂愈合剂。这样既可以防止切口腐烂，还可以防止因病原菌侵入而造成枝条枯萎，也可以促进新芽生长。

3月 为了春季第一次花期，一定要做好“后援”

冬季修剪的粗枝长出了新芽，带着初生的红

春风回暖，新芽长出。对于月季来说，“一年之计在于春”。这时就要开始梳芽、除草、中耕、追肥等工作，助推开花。

3月的月季

当染井吉野樱花开放的时候，月季也开始冒新芽。嫩芽伸展，枝叶繁茂，植株加速生长。这个时期尽量不要摆弄它，静静地守护它的成长吧。随着气温升高，会引发病虫害，一定要注意。

新芽萌发，新的月季季节要开始了。嫩芽冒出，新叶伸展

打理枝梢，让花开得更美

3月要确认这些内容

1 修剪出芽情况较弱的枝条

受冻嫩芽损伤，枝条枯萎，就会导致枝梢无法长出新芽。这就应该在有活力的新芽上方剪枝。

2 同一芽点如果发出很多新芽，那就剪掉其他新芽，只留下健康的芽

同一芽点长出很多新芽的话，会分散养分，无法集中供应。这就需要进行梳芽

留下新芽

最有活力的新芽（正中央）有5~10cm长的时候，将四周的芽剪掉，使养分集中

本月的日常养护

浇水	表层土壤干了就要浇透。 可淋到雨的地方不需要浇水。
追肥	在植株周围撒一定量的缓释肥，再轻轻搅拌于土中。
病虫害对策 强化月	病虫害强化月份。中旬左右枝梢就会滋生蚜虫▷P65、P97以及诱发白粉病▷P64、P99。还有不容易发现的黑斑病▷P14、P64、P99。金龟子的幼虫▷P35、P97和天牛幼虫▷P32、P97都会从冬眠中苏醒，侵蚀树干和根部。要提早预防。
其他	除草、中耕。

Q48 植株周围有一些杂草，不清理会不会有问题？

一定要将杂草扼杀在摇篮中。通过除草和中耕提高月季根部活力。

将杂草连根拔起，用移植铲轻翻表层土1~2cm深。

中耕会提高土壤含氧量，增加微生物和菌群的活动能力，一周之后，土壤就会变得蓬松易排水了。

4月 春季终于到来，一定要保护好花蕾

当染井吉野樱花谢后，月季的花蕾就会开始膨胀，花蕾尖端也开始显色。等到5月，就可以展现这一年辛苦的成果了。

4月的月季

马上就要开花了

花蕾逐渐膨胀，马上就要迎来花季了。辛苦照料，终于看到月季开始结花蕾。不过这段时间更是非常时期。需要注意的是，不要突然改变其生长环境。如果改变盆栽月季的位置、过多地给水和施肥都会起反效果——导致落蕾。这个时期的月季是最需要悉心呵护的。

从嫩芽到新枝，现在枝梢长出了花蕾，并逐渐膨胀

结了花蕾尽量不要改变生长环境，只需等待花开

不管是过度宠爱
还是放任不管，
都会导致落蕾

4月要确认这些内容

1 盆栽月季不要断水

看到花蕾便急于浇水和施肥，这样会使月季感到压力而落蕾。不仅如此，断水也会导致落蕾，盆栽月季更是要注意。和平时一样打理就好。

2 花蕾和新芽失水干枯，一定要检查象鼻虫类虫害▷P65、P97

本月的日常养护

浇水

轻轻拨开表层土，如果干了就浇透。

可淋到雨的地方几乎不需要浇水。

追肥

根据生长状况施液体肥。

不需要追肥。

病虫害对策 强化月

蚜虫▷P65、P97，夜蛾幼虫▷P98，玫瑰三节叶蜂成虫▷P65、P98，象鼻虫成虫▷P65、P98。以上害虫一旦发现就要马上处理。花蕾和叶片上附着白色粉末（白粉病）▷P64、P99。一旦发现白粉病，就要立即喷药。

其他

新购买的苗需要定植、除草、中耕。

去年春季买了一盆四季开花的大花月季，一直盛开到秋季，但是今年花蕾却很少了……

可能有以下原因：

1. 冬季修剪过浅
2. 没有换盆
3. 肥料不够

如果确实符合其中任何一项，就需要采取以下两个措施。

在4月花蕾上色前，施1~2次液体肥，这样春季才会花开满满。

接下来在5月份花谢之后，按下图所示位置剪枝。换盆1~2周后追肥。如果有盲枝，就将其尖端摘下▷P4，这样有利于发新芽。

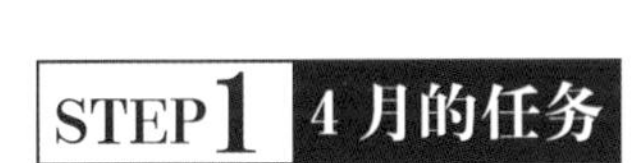

在4月花蕾上色前，施1~2次液体肥

STEP2 5月的任务

花谢后剪短、换盆、追肥

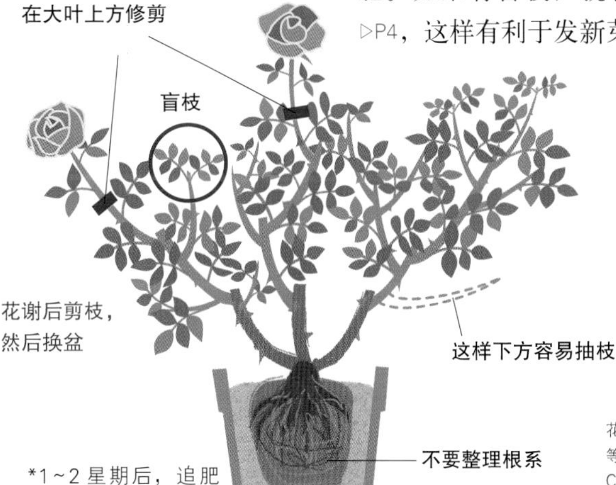

美乐棵浓缩营养液 花卉型：添加Mg、Fe等光合促进剂，促进CO_2的吸收，增加碳水化合物的含量，促进花芽分化，让花苞更大。

月季开始展开嫩芽，同时病原菌也开始蠢蠢欲动了。为了不让病害蔓延，一定要小心。虫害发生在4月左右，如果看到一定要马上处理。

可能是自己比较忙，不太留心，等发现的时候，就已经感染了白粉病和黑斑病。

A 从3月开始喷洒药剂预防的话，就能省很多力气。

提前喷洒药物效果最佳

月季的嫩芽逐渐展开，同时也出现了白粉病，其实黑斑病的细菌也开始活动了，只是肉眼看不到而已。

想要不费时、不费力就效果显著，就使用预防药。在病原菌活动之前喷洒，就可以控制4~5月的病情。健康的月季增多，药量减少，春季花开得也更美了。

提前喷药预防
‖
喷药预防
使用预防药

整株植物叶片都非常健康，开花情况良好，几乎没有病虫害

病后喷药治疗
‖
喷药治疗
使用治疗药

如果得了黑斑病或白粉病，就用治疗药物让植株恢复健康吧

黑斑病▷P14、P99
发病期：6~9月
发生场所：雨水管下、容易聚集湿气的墙边等
白粉病▷P99
发病期：4~6月、9~10月
发生场所：有屋檐的阳台、日照和通风不佳的地方

认真给芽尖喷药

从发芽到3月中下旬喷洒一次，一定要在发病前喷洒。全株喷药，特别是所有芽尖部位

越冬的病菌要提早击退

去年感染黑斑病后过了一个冬季，今年新芽继续染病。染病的枝条可能比其他的要细，也可能变成盲芽。如果在发芽前抑制住病情，叶片才会长大

发芽期感染的白粉病和黑斑病

白粉病

黑斑病

新芽梢或花蕾失水变干啦!

这是玫瑰香小象鼻虫干的，找到它尽快处理吧!

玫瑰香小象鼻虫（象鼻虫）是体长2~3mm的小虫，主要侵害月季的新芽和花蕾。轻轻一碰就会装死滚落到地上，可以利用这一特性来捕捉。端一个盛水的器皿，轻轻摇晃枝梢，它就会掉到水里了。或者可以选择喷药来杀虫。

因象鼻虫侵害，新芽变干枯，花蕾失水无法开放

Y.Kusama

花蕾

只要轻晃枝干，象鼻虫就会掉下来，拿一个盛水的器皿接住就可以啦

DATA

象鼻虫类▷P97
出现时期：5~6月
发生部位：新芽、花蕾、枯蕾

每年都会受蚜虫和玫瑰三节叶蜂侵害，非常苦恼……但是家有宠物又不想喷药，有什么好办法吗?

试着把害虫不喜欢的香草和月季种在一起吧。

花蕾饱满、新芽水嫩，马上就要迎来非常让人期待的花季，可这时也是害虫一起作恶的季节。提前喷药可减少被害面积。如果不想使用药剂，可以将其他植物和月季种在一起，互相促进生长，利用伴生植物也是一种好方法。

DATA

蚜虫▷P97
出现时间：4~11月
发生部位：新芽、花蕾、嫩叶等

玫瑰三节叶蜂▷P98
出现时间：4~11月
发生部位：成虫将卵产在枝条里，孵化的幼虫蚕食叶片

玫瑰三节叶蜂的诱饵 → 筋骨草

成虫在枝干中产卵（上）。照片中是幼虫孵化后留下的虫卵外壳。孵化出来的幼虫在蚕食叶片，叶片被吃得只剩叶脉了（下）

筋骨草是玫瑰三节叶蜂的诱饵，会吸引大量成虫，这样就可以集中捉捕了

蚜虫惧怕的 → 薰衣草等香草

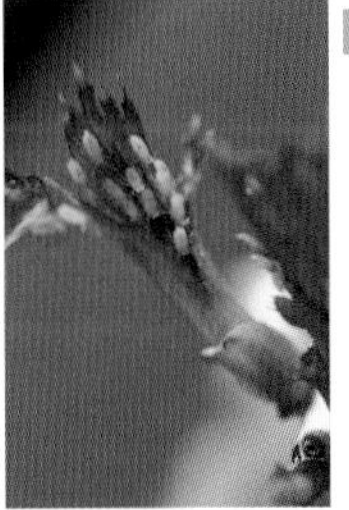

聚集在新芽等柔嫩部位，吸食汁液的蚜虫

薰衣草是可靠的伙伴，能驱赶蚜虫等大部分害虫，守护月季不受侵扰

种在一起
好处多

将月季和伴生植物组成搭档

月季容易感染病虫害，但是又有许多人不想使用药剂。在制定种植计划的这个时期，诚意向您推荐伴生植物。

薰衣草（唇形科）

几乎可以防御所有害虫，还可招引蜂蝇和蜜蜂等益虫

鼠尾草（唇形科）

可防御蚜虫和金龟子等害虫，能招引蜂蝇和蜜蜂等益虫

万寿菊（菊科）

可防御线虫，还可增加土壤和地表的有益菌，提高土壤活性

筋骨草（唇形科）

筋骨草（诱饵植物）的花可吸引玫瑰三节叶蜂成虫（一定要在产卵前驱除）

意大利香芹（伞形科）

可以预防蚜虫和金龟子等害虫。也可抑制土壤及地表的有害菌活动

水仙、葱属、原生郁金香等球根类植物（石蒜科、百合科）

可以使所有害虫不敢靠近，对金龟子幼虫也很有效果。能增加土壤和地表有益菌活性

什么是伴生植物?

伴生植物就是将不同的植物种植在一起，几种植物相互影响，促进生长；可防止病虫害的发生；也可增加收获量；还可以丰富视觉和嗅觉效果。特别是蔬菜和香草搭配，一直深受喜爱。这种种植经验被广泛利用在庭院种植等。

伴生植物有哪些?

可以和月季搭配的伴生植物有石蒜科、菊科、唇形科、豆科、伞形科等植物。把这些植物种在月季园里，不仅可以衬托月季的美，而且它们较矮，不会妨碍月季的生长，深得种植者的喜爱。

向您介绍下适合您家院子的月季伴生植物吧。

巧用伴生植物的心得

- 如果妨碍到月季的生长，就要进行修剪。
- 不要过于追求完美，抱着一种“试试看”的心态来试验。

增强防御力

- 组合各种植物
- 院子外面也种上
- 在比较严重的地区集中种植

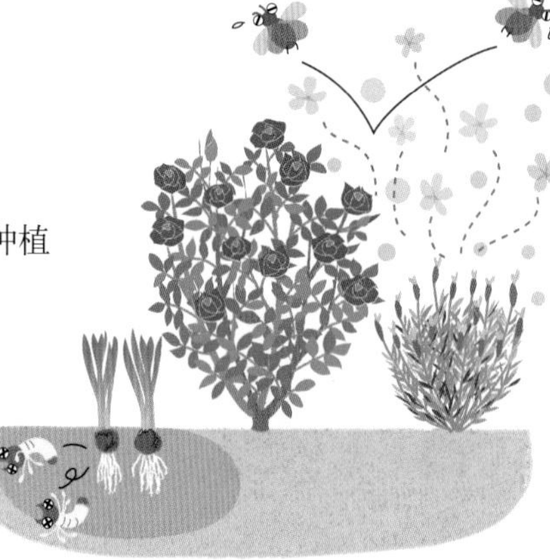

Part 2 藤本月季的栽培方法 Q&A

藤本月季枝条柔软优雅。每当看到那缠绕在拱门和围栏上盛开的藤本月季，就会不禁感叹它的美。但是当实际栽种起来就会发现“理想”与“现实”的差距。“因为只有上方开花，所以无法顺利地往拱门上牵引”“新芽不健康”……我们会整理每 1 月您可能会遇到的问题，并介绍解决方法。

在半阴环境下种植也易开花的藤本月季

我家院子的日照时间只有2~3小时，有没有对日照要求不高的月季呢？

日照时间短的环境，最重要的就是花与株形大小的平衡了。小花形和花瓣少的品种对植株整体的负担小，每年都能开得比较容易。

'科妮莉亚'（Cornelia）

花朵直径3~4cm，枝长2.0~2.5m，中香。

花瓣粉红带杏色，有点鲑鱼色。秋季花开不断，适合种植在墙边和较高的栅栏边。1枝上能开出5~12朵。抗病虫害强。

'黑樱桃派'（Dark Cherry Pie）

花朵直径4~5cm，枝长2m，中香。

花蕾呈黑紫色，随着花开花瓣会变成有光泽的深紫红色。花期持久，会成簇开放。早花品种，多季开花。

'致意亚琛'（Gruss an Aachen）

花朵直径8cm，枝长2~2.5m，中香。

刚开放时是像炼乳一样的淡奶油色，随着绽放花朵会逐渐变白。枝干刺少，枝干较直立，强健易打理。

‘雪雁’（Snow Goose）

花朵直径3cm，枝长2～2.5cm，微香。

白色小花，花形较松散，花期长，可以从春季开到秋季。刺少，枝条细软易牵引，抗病能力强。

‘亚斯米娜’（Jasmina）

花朵直径5～6cm，枝长2m，微香。

可爱的杯状花成簇开放，枝条微微下垂，适合仰视欣赏。枝干纤细柔软，抗病性强。

‘强盗骑士（拉布瑞特）’（Raubritter）

花朵直径4～5cm，枝长1.5～1.8m，微香。

圆润的杯状花，微微下垂。花瓣呈心形。枝条柔软，攀援能力强。适合种植在围栏和较矮的塔形花架处。适合寒冷地区种植。

可以塑造成紧凑株形的藤本月季

很想种藤本月季，可惜院子不大……有没有可以塑造成紧凑株形的藤本月季呢？

有一类“半藤本式月季”的品种，其枝条相对藤本月季较短，却有灌木月季的特性：冬季强剪后，春季还会开很多花。轻剪的话，则恢复藤本月季特性。这里介绍这类月季中的 7 个品种。

‘威廉莫里斯’(William Morris)

花朵直径 7～8cm，枝长 1.5m，中香。

柔和的杏粉色花朵，呈玫瑰花形或杯状花形。枝条柔软弯曲，半藤本式月季，可以一直开到深秋。非常适合利用矮围栏和塔形爬架处进行栽种。

‘堡利斯香水’(Brise Parfum)

花朵直径 3～4cm，枝长 2.0m，强香。

名字是“清香的微风”的意思。复瓣式小花在花瓣为薰衣草到白的渐变。花香四溢。枝条柔软，花开低头。

‘蓬巴杜玫瑰’(Rose Pompadour)

花朵直径 10cm，枝长 1.5cm，强香。

花瓣呈柔和的粉色且数量多。刚开放时呈深杯状，全开时呈玫瑰花形。香气浓郁，可以牵引到矮围栏上种植。

‘伊芙琳’(Enelyn)

花朵直径 10cm，枝长 1.2~1.8m，强香。

杏粉色混合粉色的花朵呈杯状或玫瑰花形。花开时非常壮观。具有花果混合香气。夜晚气温低的话，花色会变深。半藤本式月季。适合种植在围栏和拱门等。

‘蓝雨’(Raing blue)

花朵直径 6cm，枝长 1.0m，微香。

雅致的紫色花朵呈玫瑰花形，开花略低头。枝条虽纤细，但开花情况良好。很强健。最适合利用低矮的围栏和拱门进行栽培。

‘奥德赛’(Odysseia)

花朵直径 8cm，枝长 1.6m，强香。

高雅的紫红色花朵在夏季高温时会变成深红色。枝条直立，四季开花，易种植。

‘寒冷’(Parky)

花朵直径 7cm，枝长 1.2m，中香。

圆润可爱的白色多瓣杯状花朵中心略显奶油色。花多，春季会成簇开放，压弯枝头。植株会向四面伸展，容易栽种。

5月 欣赏藤本月季齐放的壮观美景吧

'宇部小町'(Ubekomachi)

花朵直径 2~3cm，枝长 1.5~2.0m，微香。

无数淡粉色的杯状小花不断盛开，可爱迷人。生长速度较快，很容易长出新枝，枝条很纤细，容易牵引。植株不畏酷暑严寒，抗病能力强。

冬季牵引的围栏、拱门、塔形爬架等，现在都被花朵装点，这是一个庭院充满香气的季节。让我们用双眼记住这美景，然后继续开始修行吧。

5 月的藤本月季

市面上有藤本月季的开花株盆栽。推荐初学者购买开花株

单季节开花的藤本月季，一般只在春季开。开花时枝条会停止成长。5 月没有大型工作。第一个任务就是放下心来赏花，仔细欣赏这盛开的美景。第二个任务就是边欣赏边在心里想象下今年冬季该如何修剪、牵引。

开败的花要剪短

5 月要确认这些内容

1 购买开花的盆栽月季▷P3

2 花谢后要剪枝

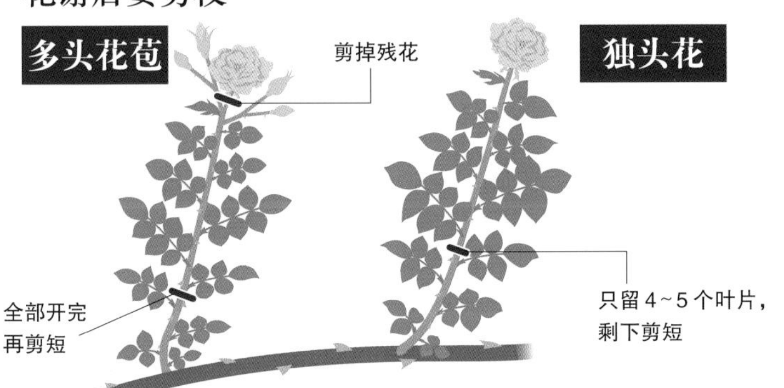

3 换到喜欢的盆器里

地栽要开始定植了

基本的任务和多季节开花的灌木月季相同

本月的日常养护

浇水	盆栽：见干见湿。 地栽：不需浇水。浅浅地挖开土表，如果里面干了，就在植株周围给水。
追肥	在 5 月下旬到 6 月上旬期间施 1 次定量的缓释肥。
病虫害对策	开过花后，如果放任残花不管，会使灰霉病菌蔓延。看到害虫就要驱除。
其他	摘除残花、剪枝、盆栽月季换盆、向院子移栽、新苗摘蕾 / 摘首花、新苗定植。

* 多季节开花的灌木月季 5 月工作在▷P2、P3。

Q55 今年冬季买了‘西班牙美女’(Spanish beauty) 种在花坛里，不知为什么就是一直长叶，不开花……

冬季刚买的藤本月季，有的开春不开花。如果希望明年可以开花，今年就积极地打理吧。

冬季购买的藤本月季大苗会有点像灌木苗，的确有些藤本月季强剪后就很难开花了。因为修剪后，植株内的养分无法供给花朵，仅有的养分只会滋养枝叶，枝叶就会非常繁茂。再等一年，花就会盛放了，期待第二年吧。

不适合强剪的藤本月季

‘西班牙美女’(Spanish Beauty)
‘弗朗索瓦’(Francois Juranville)
‘藤和平’(Peace，Climing)
‘藤蓝月亮’(Blue moon，Climing)
‘藤玛卡拉斯’(Maria Callas，Climing)
‘藤墨红’(Crimson Glory,Climing)
‘克罗斯’(Sweet briar)
‘保罗·喜马拉雅’(Paul's Himalayan Musk Rambler)

‘西班牙美女’(Spanish Beauty)

Q56 买了可以结果的月季，想要收集月季果实。花谢后是不是不用修剪等待结果就可以?

野生种的月季可以不修剪，但是培育的园艺品种不修剪的话，花瓣就会变成灰霉菌和蓟马的温床。所以一定要摘除残花。

可以结果的野生品种月季，在花谢后可以不修剪。但是园艺品种的花形大，花瓣多，不摘残花就容易导致灰霉菌和蓟马蔓延。所以一定要摘掉残花。这样秋季就可以欣赏到红红的蔷薇果了。

上图中花瓣上面的红点就是灰霉病的症状。如果放任不管的话，就会像下图所示一样，感染灰霉病然后慢慢腐烂。周围也会被感染，所以一定要摘掉

我利用塔形花架栽种月季。每年，月季都会抽出新生枝条，但植株下方没有新芽，不能全株开花。怎么做才能让整株月季都开满花呢？

将植株上方麻利地剪除，就像摘头盔一样，可以促进花蕾均衡分布

首先剪除残花，然后再进行大刀阔斧地修剪。

虽然没有更换塔形花架，但是每一年，月季都在不停地生长。相信很多花友都会渐渐感觉到没有塑形的余地，很是犯难。这种时候，与其追求让它“长大”，不如采用“控形”来得有效。

剪除残花后，再过 2～3 周，修剪掉植株上方 1/3～1/2 的枝条。

虽然稍有强剪意味，但是这样做的话，植株下方会更容易抽出新生枝条，到了冬季，就能进行盘绕塑形了。

盆栽月季第四年了。虽然植株长得很茂盛，但花朵一年比一年小，我每年都帮它换盆。

这可能是肥力不足或者相对于植株来说，盆器比较小。

别把月季当作永远长不大的孩子。要根据植株的成长，适时补充肥料，才能把它们养得结实健壮

植株不断地成长，然而如果没有随着生长每年更换合适的盆器，或者每一年的施肥量都是固定的，那么就都会容易导致肥力跟不上，而影响月季的正常生长。

这时候，能够快速简单补充肥力的，就是速效性液体肥。试试施肥后再观察月季的状态吧。

6·7月 培育新生枝条的关键是"尽早"

抽出的长枝条，只要在入冬前用绳子绑缚就好。

在刚刚过去的5月，等待了一年的月季花朵爆发般地华丽绽放。进入梅雨季节后，饱含水分的枝条不断冒出，变得繁盛茂密。

这时候，可以将这些新生枝条好好利用起来，打造立体的景观。

6·7月的藤本月季

不论是藤本月季还是灌木月季，在每年的6月~7月，枝条都会不断地疯长。如果放任不管，不知不觉间，庭院会变成狂野的丛林。

也许看到这种情形，很想拿起剪刀修剪成清爽的样子，可是这些枝条，正是能够在第二年春季形成大量花蕾并开花的宝贵枝条。正确做法是，在冬季来临之前，向上牵引捆绑，培育出笔直挺拔的枝条。

新生枝条不断抽出

整理枝条的同时留意它们的伸展方向，栽培出繁茂的月季吧

在新生枝条生长的同时修整树形

6·7月要确认这些内容

● 枝条的修整

在枝条长出的地方，插上一根长支柱，然后用麻绳将枝条轻轻绑在支柱上，一直到冬季都采用这种方式将枝条笔直地牵引在支柱上。

娴熟地修整枝条，栽培出繁茂的月季吧

＊温习多季节开花灌木月季的6月作业▷P12、P13，温习7月的操作▷P17、P18。

6·7月的养护

浇水	浅浅地挖开土表，如果发现里面是干的，就要浇透。梅雨季节不需浇水。出梅后土壤变干，枝条先端软蔫就可以浇透。
追肥	施放固体合成肥料（5月已经施肥的话就不需要）。盆栽可根据生长情况施放液体肥料。
病虫害对策	梅雨季节要通过适当控水来预防病害。喷施药剂应该在入夏前完成。一旦发现害虫就要采取相应措施。
其他	枝条的修整。中耕、添土、换盆。枝条的修整。除草、中耕、护根。

6·7月

Q59 我利用栅栏培育‘藤和平’(Peace Climbing)，可是它光往上生长，下方空荡荡的，这是为什么呢？

A

类似‘藤和平’(Peace Climbing）这种大花芽变品种，本身就是笔挺向上生长的种类。

由于大花芽变品种是下方很难开花的品种，所以比较适合在墙面和凉亭、藤架等处种植。

然而，要想让大花芽变品种下方也能开花，开始种植时就是成功关键。这就需要将植株与栅栏稍留间距，让它能在下方抽出枝条。

稍留距离再进行定植

藤本月季有一个有趣的特性：只要压弯枝条，就容易在植株下方抽出枝条。如果种得离栅栏太近，就不容易长出枝条了。所以留出50~60cm的距离，将枝条朝向栅栏呈倾斜状牵引就可以了。

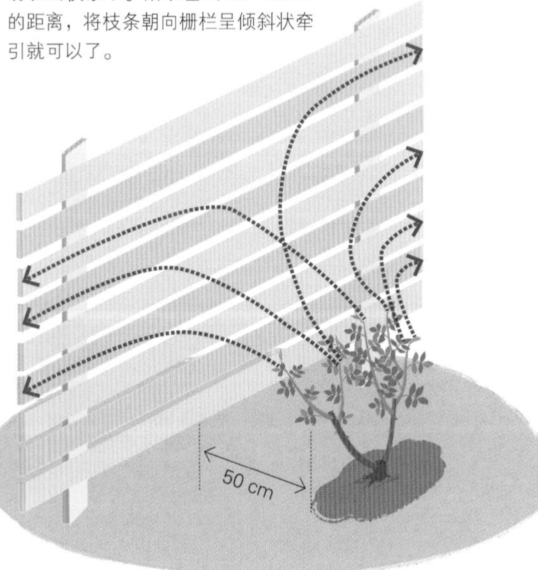

我想让冬季购买的藤本月季早日绕满整个拱门！有没有让枝条快速生长的方法呢？

说到诀窍，无非就是“让月季枝条充分舒展”。

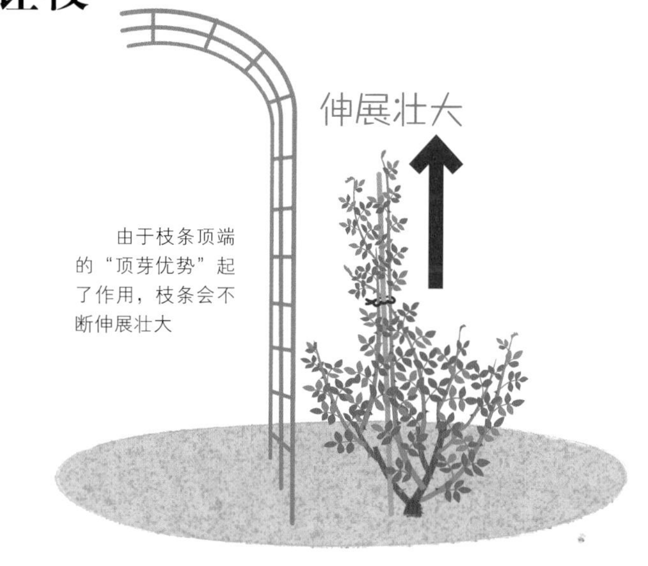

如果让枝条向上伸展，它就会不断地生长。而让枝条下垂的话，枝条的生长就会停滞。

我们可以利用这种特性，一直到秋季来临之前，让长出的健壮枝条一直保持向上生长，这些枝条就会不断壮大。到了冬季松绑，进行牵引，就足够覆盖到拱门顶部了。今年可以尝试将枝条向上培育，明年就可以欣赏到繁花似锦的美景了。

6·7月 生长 Q61

运用栅栏栽植的藤本月季，枝条太多很难打理，该怎么办呢？

A **只保留必要数量的枝条。在进行冬季牵引、修剪的时候，将多余枝条剪短吧。**

如果对枝条过多感觉苦恼的话，就将枝条往上牵引吧。这样的话，就能减少新枝数量，每一根都能长得壮实。到了冬季进行牵引的时候，当年新生的枝条足够覆盖整株，旧枝条就显得多余了。可以在6~7月的时候，将每一根旧枝条都剪去1/3~1/2，让营养都能集中到新生枝条上。如此，到了秋季，就能长出足够数量的新枝。

* 为了简明表现枝条修剪情况，此处插图省略了叶片。

8·9月 藤本月季的度夏

出梅后，夏季接踵而至。不论藤本月季，还是灌木月季，为了不让它们由于持续接受阳光照耀而出现苦夏的症状，必须做好度夏措施，让它们能清凉地度过酷暑。

8·9月的藤本月季

由于藤本月季枝叶繁茂，能制造树阴，只要是健康的植株，其耐热性就优于灌木月季。虽说如此，却也不可大意，高温干燥时期，不论盆栽还是地栽，都要注意采取措施▷P23，防范植物出现苦夏症状。

抽出更多枝条，整个植株更加茂盛

6、7月里我们对新生枝条进行修整，而这个时期，新枝还在不断地生长，为了不让它们互相影响，还需要用绳子绑缚，进行整理

度夏措施与绑枝

8·9月要确认这些内容

● 整理伸长的枝条

进入9月后，夜间温度开始降低，枝叶开始恢复生长。注意加强日照和通风，将伸长的枝条向上固定捆绑。

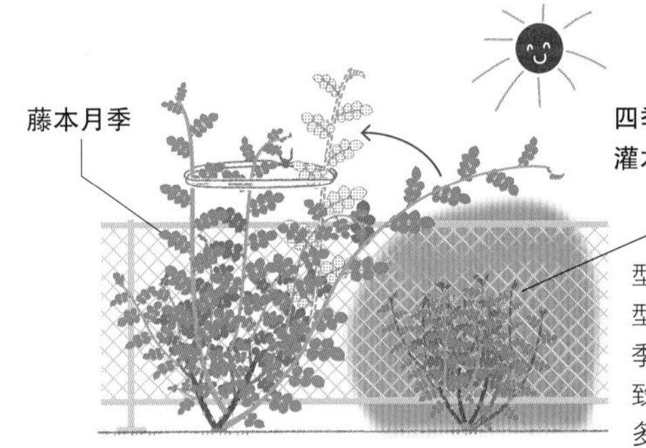

如果藤本月季和小型月季种植在一起，小型月季可能会被藤本月季过长的枝条遮挡，导致秋季难以开花，需要多加留意

8·9月的养护

浇水	盆栽：早晚浇透。利用浇水帮助盆内散热。随着气温的下降，见干后再浇透。 地栽：土壤极度干燥的时候，在植株周边浇透水。
追肥	盆栽：根据生长的情况施以液体肥料。9月使用固体肥料。 地栽：1年目
病虫害对策 强化月	盆栽、地栽：金龟子幼虫▷P15、P97和天牛幼虫▷P32、P97，9月要留意黑斑病▷P14、P64、P99和白粉病▷P64、P99。高温干燥期间喷施药剂要等到雨后或将叶片润湿后再进行。
其他	盆栽、地栽：8月，为了防止干燥，不需对植株周围进行除草。9月除草。做好抗台风措施。

* 温习多季节开花灌木月季的8月作业▷P22、P23，温习9月的操作▷P29。

秋季也能开花的藤本月季，是不是经过夏季的修剪能更好地促进开花呢？

秋季也能开花的藤本月季，即使不特别修剪也能开花。但是，如果能稍微修剪的话，花会开得更多。

轻微剪短的话，能够刺激植物更好地开花。但是，不同于灌木月季，修剪藤本月季需要在炎热的季节爬上人字梯进行，这是一项十分辛苦的工作。秋季也能开花的藤本月季，即使不特别修剪开花也不错。如果感觉夏季修剪太累，就放着不打理，静待花开。

四季开花的藤本月季即使没有进行夏季修剪开花也不错。图片是‘芭蕾舞女’（Ballerina）的秋季花

10·11月

购买大苗，开始栽培的时期

秋季的气息越来越浓厚，也带来了丝丝凉意。这个时候，正是能欣赏到多季节开花月季深沉色彩的时期。同时，大苗和灌木月季开始出现在市面上，喜欢的话可以多多留意。

‘奥秘’（Mysterieuse）

杯状花紫色的花瓣带有隐约的条纹，随着开花转为神秘的深青紫色。柔软的枝条上5~6朵花成簇绽放。具有蓝紫色月季系列和辛辣系列的混合香气。适合运用拱门、栅栏和塔形花架进行栽培。花朵直径6~7cm，枝长1.8m，具有强烈香气，可重复开花。

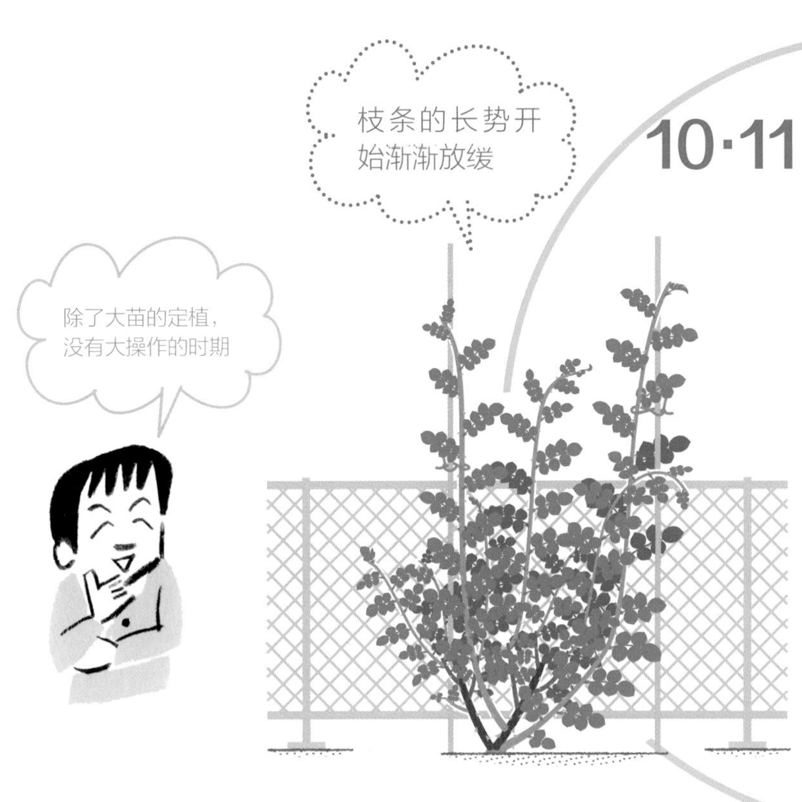

一直到冬季，都要保持枝条向上牵引

10·11月的藤本月季

随着气温的下降，枝条的长势开始渐渐呈现放缓的态势。这时候，正是欣赏红彤彤的月季果实的时节，11 月下旬红叶也开始进入观赏期。长出的枝条要继续向上捆绑。

另外，除了藤本月季和其他品种的月季大苗，都已经开始贩卖了。枝条被剪短后的大苗，乍看和灌木月季无异，购买的时候要确认好品种名▷P38～P39。

购买大苗，定植新苗

10·11 月要确认这些内容

● 大苗的定植

如果想要在秋季开始种植藤本月季，现在可以购买大苗和高杆苗进行定植。定植方法和多季节开花灌木月季一样▷P38～P39。要仔细解开大苗的根系，将根系向四周散开再进行定植。

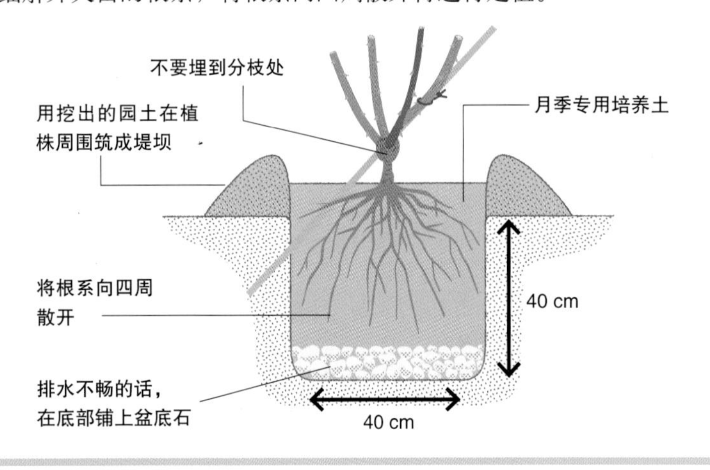

8·9 月的养护

项目	盆栽	庭院
浇水	见干浇透。	只要不是特别干燥就不要浇水。
追肥	观察生长的状态施放液体肥料。	不需要。
病虫害对策	害虫方面要注意棉铃虫▷P34、P97。病害要留意黑斑病▷P14、P64、P99 和白粉病▷P64、P99，还有霜霉病。一旦发现病害虫就要喷施药剂。	害虫方面要注意棉铃虫▷P34、P97。病害要留意黑斑病▷P14、P64、P99 和白粉病▷P64、P99，还有霜霉病。一旦发现病害虫就要喷施药剂。
其他	大苗的定植。防范台风。	大苗的定植。防范台风。

*温习多季节开花灌木月季的 10 月作业▷P36、P37，温习 11 月的操作▷P38。

藤本月季的生长十分旺盛，可是种植在其下方的四季开花灌木月季却长势不良。

对于灌木月季来说，种植在上方的藤本月季，就像其命中一道挥之不去的阴影……将藤本月季的枝条向上牵引吧。

不要在月季下方再栽种月季

如果藤本月季的枝条过分伸长，成片覆盖的话，比藤本月季低矮的月季，会被遮挡住日照和影响通风，长势衰弱。

另外，降雨的时候，横向伸展的枝条会把雨滴汇集成大水珠再滴到低矮月季上。如果藤本月季感染了病害，低矮的月季就会全部被感染，无一幸免。为了避免这样的情况发生，将藤本月季的枝条向上牵引是十分重要的。

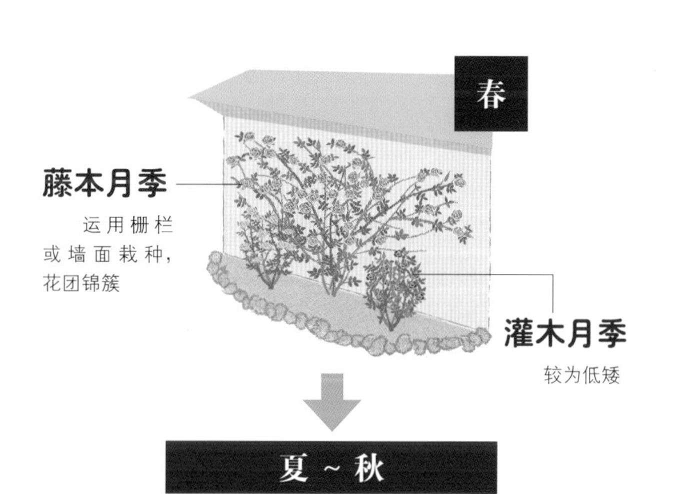

不论藤本月季还是低矮的月季，都要平等地接受日光浴，华美地盛开

夏～秋

藤本月季伸长的枝条要向上牵引！

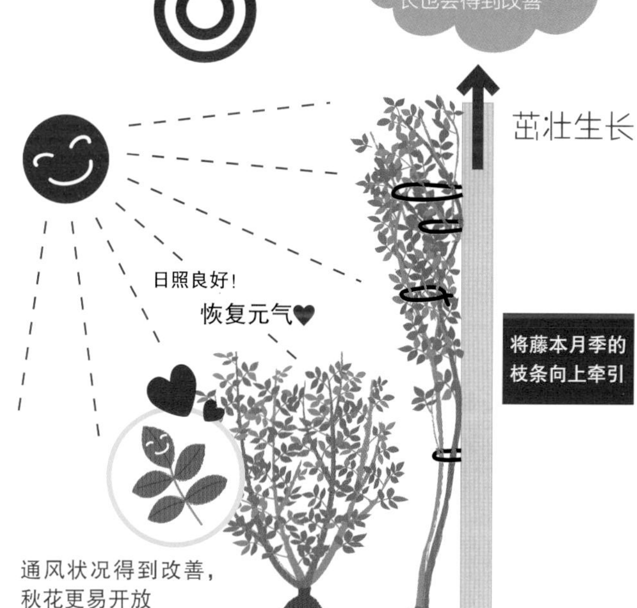

12·1·2月

构思好春季繁花盛放的美景，进行枝条的牵引

从 12 月到次年 1 月中旬，是最适合牵引和修剪的时期，这对于藤本月季来说，是最重要的操作。

将伸长的枝条弯曲牵引到你最想让它盛放的地方。

一边构思春季繁花盛开的美景，一边开始工作吧。

12·1·2 月的藤本月季

由于寒冷，枝条和叶片变成红色，枝条的生长也几乎停滞了。叶片从植株底部开始，慢慢凋落。但是，在开始进行牵引前，要将它们都保留下来，继续进行光合作用。弯曲枝条的最适合时期，是 12 月中旬到次年 1 月中旬。尽可能在月季的休眠期内完成。

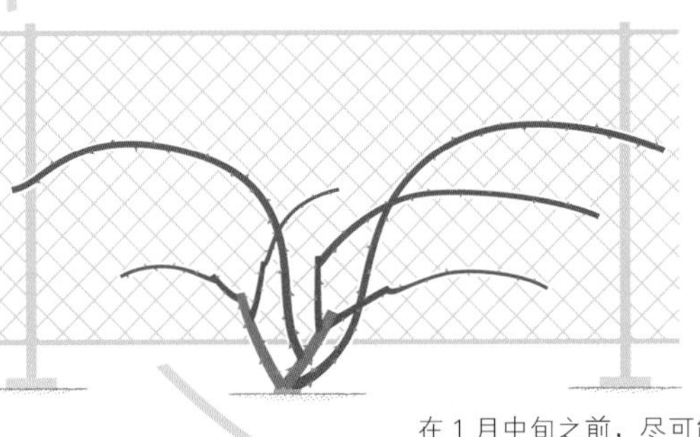

在 1 月中旬之前，尽可能将伸长的枝条都朝横向牵引

牵引

将枝条弯曲，固定在栅栏或支柱等花架上面，以调整株形。

尽可能在休眠期内完成枝条的弯曲牵引

12·1·2月要确认这些内容

1 将叶片全部摘除

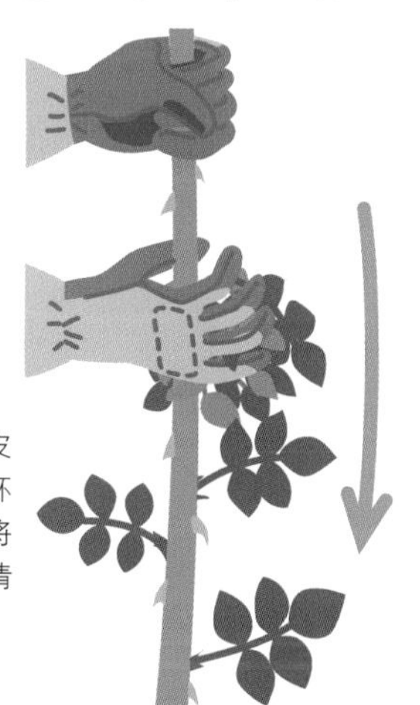

戴上月季专用的皮手套，大拇指和食指环成一个圈，从上到下将枝条上的叶片一口气清理干净

2 定好枝条的优先排序，从健康的枝条开始牵引▷P86

12·1·2月的养护

浇水	轻挖盆土表层，如果发现里面也干了，就浇透。
追肥	不需要。
病虫害对策	为了不让掉落的叶片或花蕾中的病菌和虫卵越冬，需要清扫植株底部。一旦发现红蜘蛛▷P34、P98或介壳虫▷P51、P97就要喷施药剂。
其他	防范霜冻。 牵引。

事先准备

麻绳

适合崇尚天然素材的人群。如果是绿色的绳子，开花的时候显眼

塑料绳

只需拧转就能简单地牵引枝条。推荐给喜欢麻利作业的花友及初学者

尽早弯曲好处多

Point

❶ 枝条容易弯曲

入冬枝条会变硬，在这之前枝条容易弯曲，不易折断。

❷ 能长出更壮实的芽

尽早弯曲向上生长的芽，使其接受更好的日照，更容易长得壮实。

❸ 操作过程中不要损伤芽

在发芽前进行操作，可以不用顾虑可能对芽造成的损伤或碰落，能快速完成。

* 温习多季节开花灌木月季的12月作业▷P40、P41，温习2月的操作▷P52。

牵引·修剪

攻略Q&A

对于藤本月季来说，最重要的大工程，就是新生枝条的牵引和修剪。通过掌握好大量开花的牵引秘诀和旧枝的“焕新”技巧，就能欣赏到美妙的景观。

基本

从最能开花的“潜力股枝条”开始牵引

首先摘除叶片，让我们能更清楚地把握整体的形态，然后确定要弯曲枝条的先后顺序。最先弯曲的是粗壮并持续生长的“潜力股枝条”。这些都是能开出大量花朵的枝条，优先将它们牵引到希望开花的位置。枝条数量不够的时候，也可以使用旧枝，填补空间。

购买1~2年的藤本月季示意图

从粗长的枝条开始弯曲，提升结花苞的能力！

优先牵引粗长的新枝❶。

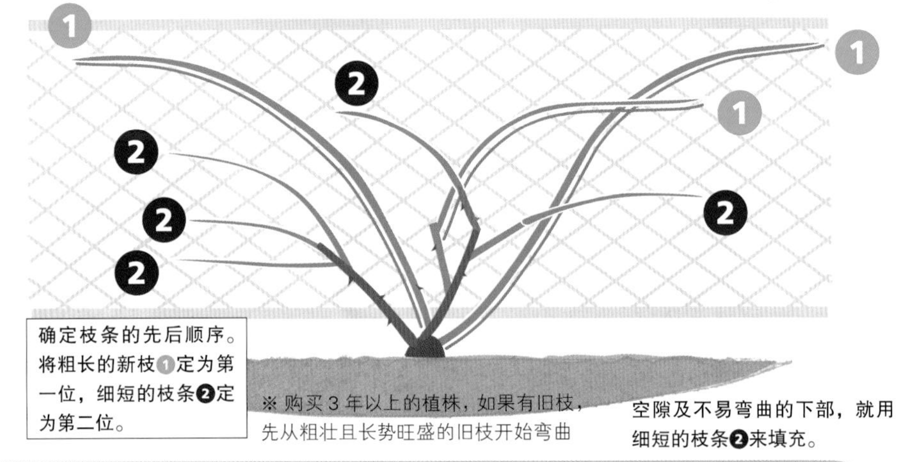

确定枝条的先后顺序。将粗长的新枝❶定为第一位，细短的枝条❷定为第二位。

※ 购买3年以上的植株，如果有旧枝，先从粗壮且长势旺盛的旧枝开始弯曲

空隙及不易弯曲的下部，就用细短的枝条❷来填充。

经过弯曲的枝条能绽放大量花朵

月季具有在枝条顶端开花的特性。通过弯曲枝条，能让每根枝条都能往上生长，到了初春，就能欣赏到繁花似锦的迷人景色。

✕ 不经弯曲的藤本月季

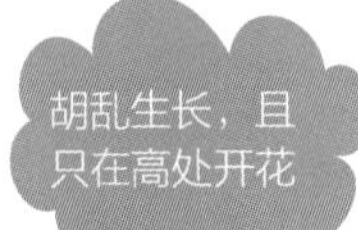

由于只在枝条的上端周围开花，花量减少。枝条疯长，尽在高处开放，不便于观赏

○ 经过弯曲的藤本月季

横向牵引的枝条，能萌发大量新芽，增加花量。能够在期望的高度欣赏到花朵

Q64 我想通过牵引，打造出理想的风景，可是如何弯曲却一无所知……

枝条的弯曲方法大致可分为 6 种类型，分别是：基本型、斜向下型、斜向上型、站立型①②、扭曲型。

弯曲之后会如何开花？巧妙地组合运用 6 种类型

即使能很好地理解“弯曲枝条就能促进开花”的特性，但似乎还是有很多花友不知如何应对各种实际情况。例如“想让它在狭小的空间开花”、“想一直到 2 楼都能欣赏到满满的花朵”等。

为了解答疑惑，在这里将枝条的弯曲方法分成 6 种类型，以模式图的方式加以标示。实际上，我也将这 6 种模式进行组合，来为月季塑形▷P90。也请您动手运用，将脑海中描绘的美好景象化作现实吧。

※ 品种不同，结花苞情况也会有差异。

A 第 1 种

水平牵引 —基本型—

- 全株都能密集开花
- 在枝条末端能大量结花苞
- 开花后，弯曲的部位附近，容易抽出粗长的枝条（= 容易维持株形的紧凑性）
- 可以适应不同间隔的栅栏，容易打造

何时运用 想让它华丽盛放时

何地适用 栅栏、墙体、藤架的上部

第 2 种

枝条末端向下牵引

—斜向下型—

- 枝条弯曲，部分结花苞能力突出
- 从枝干弯曲处到枝条末端开花数量渐少，显得优美
- 开花后，弯曲的部位附近容易集中生产活力满满的枝条（容易维持株形的紧凑性）
- 由于枝条末端不易长出枝条，可以控制植株的宽幅

何时运用 想要营造自然感时（最适合小花藤本月季）

何地适用 栅栏、墙面、藤架的上部

第 3 种

枝条平缓向上牵引

—斜向上型—

- 花枝间间隔较大，错落有致地开放。花枝掩映下建筑物隐约可见
- 花后，枝条各部位容易不规律地抽出枝条

何时运用 想要营造具有活力的优雅感，同时想展现壁面时（最适合大花藤本月季）

何地适用 宽幅较大的栅栏、墙面

第 4 种

枝条竖直牵引

—站立型①—

- 可以在最高处开花
- 由于枝条从中部到下部不易萌发新芽，容易与别的枝条重叠组合
- 容易从枝条上部抽出新枝

何时运用 想让它在高处开放时

何地适用 具有一定高度的墙面

第5种

只有枝条上部水平弯曲牵引

—站立型②—

- 可以在最高处开花
- 由于竖立的枝条下方不易长出新枝，容易与别的枝条重叠组合
- 开花后，容易从高处部位抽出新枝

何时运用 想让它在高处开放或其下方处于阴处或植株周边栽有高挑的植物时

何地适用 墙面、拱门、凉亭棚架的上部、窗沿

第6种

枝条弯曲牵引

—扭曲型—

- 从枝条末端和弯曲的部位开始，开花形态舒展
- 不需占用太大空间就能开花
- 通过数根枝条交叉重叠，可以制造华丽的效果

何时运用 想让它在狭窄的地方也能花开满满时

何地适用 宽幅较小的墙面、拱门、塔形花架

蔓性藤本月季里有无需特别讲究也能开花的种类

代表性品种

‘多萝西·帕金斯‘(Dorothy Perkins)、’‘阿贝卡·巴比埃’(Albéric Barbier)、‘绯红捧花’(Crimson Shower – David Austin Roses)、‘弗朗索瓦’(Francois Juranville)、‘五月女王’(May Queen)、春风等

‘绯红捧花’(Crimson Shower – David Austin Roses)

- 不论如何弯曲都极易开花
- 即使枝条垂直向下牵引也容易开花
- 枝条生长非常旺盛、最适合宽敞的场所

何时运用 想欣赏到倾泻而下的花朵时

何地适用 墙面、凉亭藤架的上部等

特别篇

小山内流派！运用牵引打造月季美景的秘诀

在这里，将介绍运用6种牵引方式进行实际操作的例子。重要的是，把最健康的枝条牵引到最想让它盛开的地方去。这些仅是本人的示例，请大家也珍视自己的创意，试着挑战看看。

示例1

错落有致、具有优雅感的月季格架

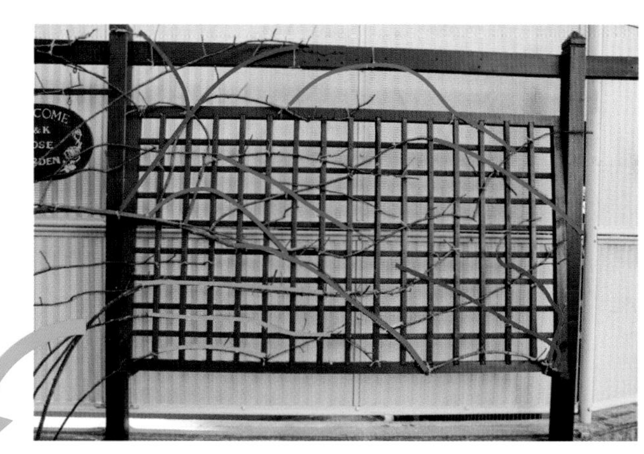

斜向上型
斜向下型
基本型

普通的格架具有一定宽幅，很自然地，枝条就会不断往横向攀附。

由于想营造优雅的氛围，这里较多地运用了斜向下型，同时，还运用了斜向上型作为补充牵引的手段。

格架下部细枝、短枝较多，运用基本型进行牵引，连枝条末端都可以保证结花苞。这样的话，既可以让整个栅栏繁花似锦，又能打造出错落有致又具有优雅感的月季格架。

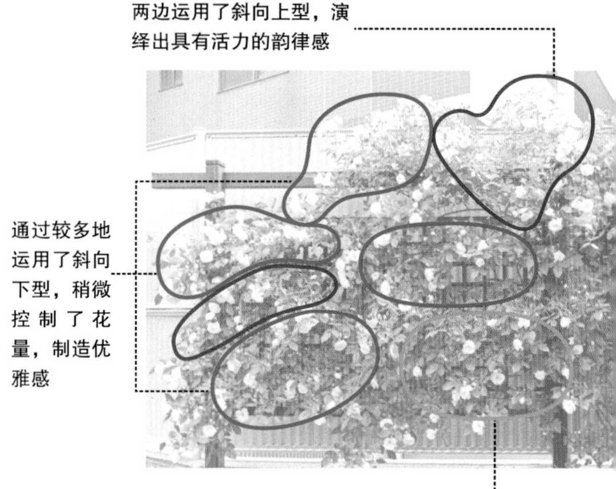

两边运用了斜向上型，演绎出具有活力的韵律感

通过较多地运用了斜向下型，稍微控制了花量，制造优雅感

细枝、短枝的开花能力不如粗壮枝条，于是采用基本型进行牵引，保持花量

示例2 把盆栽月季打造出地栽月季般繁茂的窍门

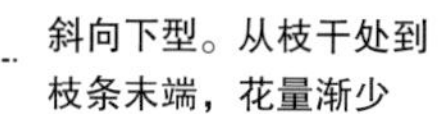

基本型
斜向下型
站立型②
扭曲型

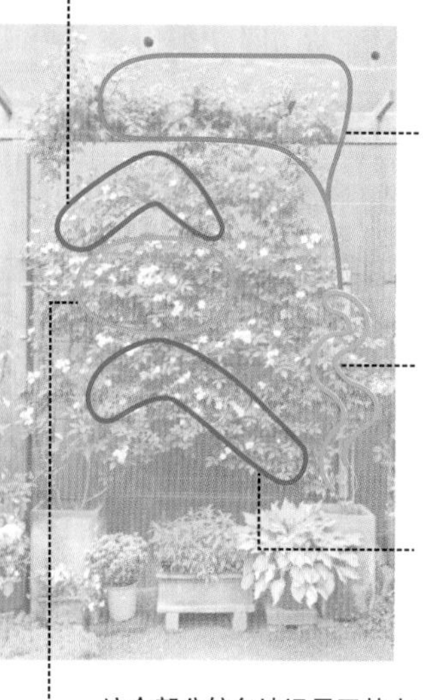

斜向下型。从枝干处到枝条末端，花量渐少

站立型②将花量集中到高处

扭曲型和站立型②搭配。虽然还没开花，但是已经有很多花苞

由于想让下侧开得较具自然感，运用斜向下型抑制花量

这个部分较多地运用了基本型，所以花量很多

盆栽的藤本月季由于根系生长受到限制，枝条不易长长，数量也稀少。如果是栅栏和凉亭藤架的组合牵引，建议左右各放一盆，让枝条可以充分攀附。

这仅仅是一种示例。像上图所示，左边的盆栽运用基本型、斜向下型等方式牵引到栅栏上，右边的盆栽则运用了站立型②和弯曲型方式牵引到藤架上，让它们各自扮演好角色。

Q65 想让用拱门种植的多年株重新焕发活力！

剪掉不需要的旧枝，促进新枝萌发。花量增加，变成炫美的拱门。

果断修剪旧枝，促进植株换发活力

4~5 年前买的多年株，不易开花的旧枝现在很是显眼。这样的旧枝通过修剪，可以促进植株活力，一定要积极处理。

如果想通过剪除多余枝条和底部失去活力的旧枝，进一步激发植株的活力，则拱门上部的旧枝也一并要剪除。将保留的新枝放横牵引到拱门上，虽然来年的春季花量会少一点，但是从初夏开始，新生枝条的出现变得特别多，到第三年春季，就有很多花了。

修剪旧枝的秘诀

秘诀 1

剪掉多余枝条

要从基部剪除枯枝、染病瘦弱枝、细枝、短枝。同时也要修剪掉壮实枝条的末端

秘诀 2

剪去植株底部失去活力的旧枝

不能开花的极粗旧枝，就是“好吃懒做”的坏枝。用锯子截断，促进植株换发活力

秘诀 3 适合高手

修剪只萌发细弱枝条的旧枝

虽然这样的修剪需要勇气，可是，这对越是不易抽出新枝的老株，越容易见效。能促使修剪点长出极粗的枝条

修剪后的牵引

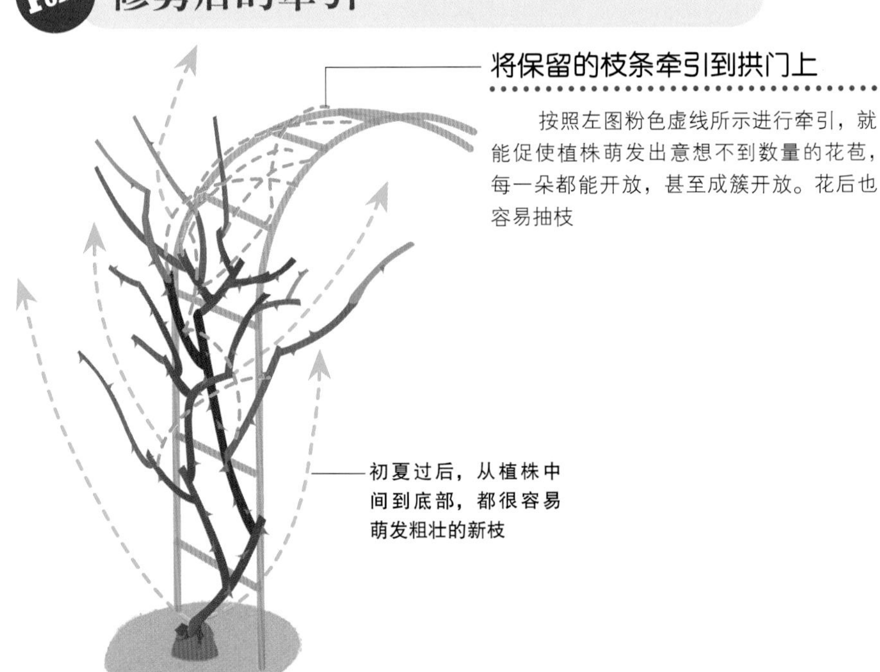

将保留的枝条牵引到拱门上

按照左图粉色虚线所示进行牵引，就能促使植株萌发出意想不到数量的花苞，每一朵都能开放，甚至成簇开放。花后也容易抽枝

初夏过后，从植株中间到底部，都很容易萌发粗壮的新枝

冬季购买的高杆苗。春季想让它在塔形花架上华丽地绽放！

只修剪掉不够壮实的枝条末端，将枝条集中缠绕在观赏面。

购入高杆苗的第一年。进行牵引前要将枝条的末端进行修剪

枝条较少的新苗，可以通过将枝条集中到观赏面，让花量看起来更多。上图是‘黄金庆典’（Golden Celebration）

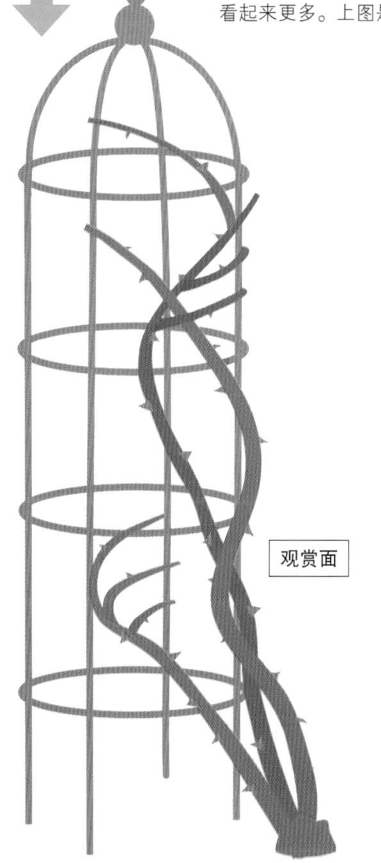

定植到庭院或盆器里，插好塔形花架。将枝条集中到观赏面，就可以打造出华丽的效果

将枝条集中到观赏面，让花量看起来更多

利用塔形花架进行牵引，通过由左至右的螺旋形缠绕，能打造出华丽的效果。但是，由于新苗枝条稀少，分量感不足，很难牵引到花架上部。另外，如果在靠近墙面的位置，墙面一侧在阴处，这一面就很难开花。

这个时候，将枝条集中到观赏面一侧进行牵引，就能充分利用有限的枝条，也会让花量看起来更多。

如果是胡乱地进行牵引

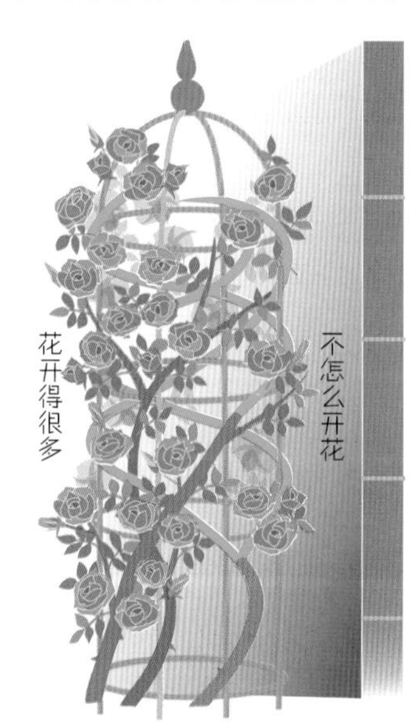

明明在靠近墙面的位置，还将枝条把花架缠得满满的，这样就会导致靠墙一侧缺光，难以开花。尽可能地将枝条集中牵引到观赏面

如何让株形松散的半藤本月季变得紧凑？

通过不同的修剪方法，可以打理成灌木月季风格，也可以打理成藤本月季风格。

作为灌木月季和藤本月季的中间品种，有一种月季被称为“半藤本月季”（丛生月季）。这种月季有很多大株形品种，如果任其生长很可能就会让你束手无策。

要驯服这匹“烈马”，有两种方式。其一，通过强剪，打理成“灌木月季风”。其二，通过轻剪，打理成“藤本月季风”。根据放置场所不同，修剪成自己想要的样子吧。

半藤本月季

‘娜荷马’（Nahéma）、‘破晓’（Aube）、‘亚伯拉罕达比’（Abraham Darby）、‘庞巴度玫瑰’（RosePompadour）等。上图中的是‘索尼亚里基尔’（Sonia Rykiel）（上）、‘格拉汉托马斯’（Graham Thomas）（下）

半藤本月季的修剪

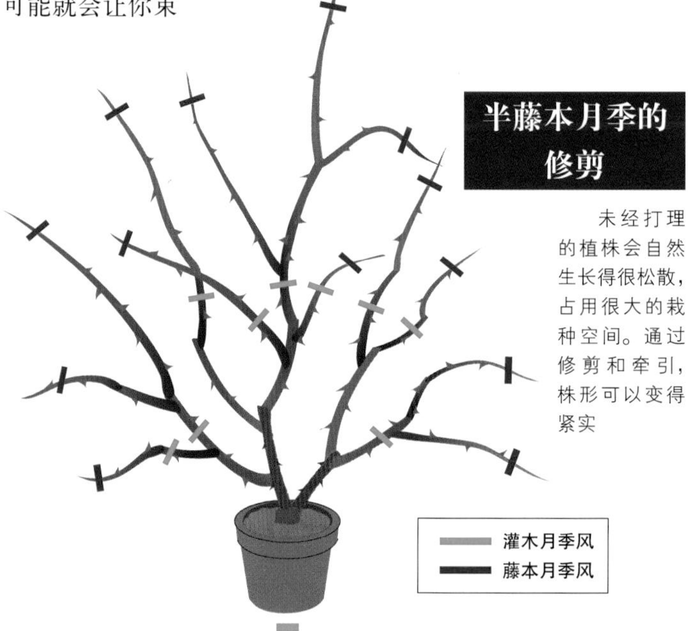

未经打理的植株会自然生长得很松散，占用很大的栽种空间。通过修剪和牵引，株形可以变得紧实

藤本月季风格

通过轻剪变成藤本月季风格

移栽到比原来大1~2个号的大盆里，设置好塔形花架。修剪掉不够壮实的枝条末端，枝条之间留有10~20cm的间隔，从左至右呈螺旋状向上缠绕牵引

灌木月季风格

通过强剪变成灌木月季风格

即使剪去全株的1/3，到了来年春季依旧能繁花似锦。修剪的秘诀就是在去年长出的枝条、红色芽点上方修剪

Q68

我非常喜欢‘龙沙宝石’(Rosa Meiviolin Pierre de Ronsard)，春季购买了花苗，但是已经没有空间让它攀附了，有什么好办法吗？

深受欢迎的‘龙沙宝石’(Rosa Meiviolin Pierre de Ronsard)，作为藤本月季养护的话，枝条长度可以长达2.5m

A ‘龙沙宝石’(Rosa Meiviolin Pierre de Ronsard)可以在春季，成簇多头开放。

越是受欢迎的品种，越可以灵活地处理

同是藤本月季，有的品种强剪后能开花，有的品种则不再开花。

‘龙沙宝石’(Rosa Meiviolin Pierre de Ronsard)是即使进行强剪，也容易开花的藤本月季，也可以像半藤本月季那样，经过强剪，变成灌木月季风格▷P94。

修剪去年长的枝条，修剪到剩两个芽点的程度。如果是新枝的话，在优质芽点的上方强剪也是OK的。把最想欣赏到花的粗壮枝条剪得越狠，就越能取得全株的协调感。

除了‘龙沙宝石’(Rosa Meiviolin Pierre de Ronsard)，可以作为灌木月季欣赏的藤本月季还有很多，人气品种层出不穷。

灌木月季风格

通过强剪打造成灌木月季风格

‘龙沙宝石’(Rosa Meiviolin Pierre de Ronsard)可以像灌木月季那样，修剪到剩余全株的1/3

(右)‘芭蕾舞女’(Baller)，枝长1.5m
(下)‘安吉拉’(Angela)，枝长2.0m

代表性品种

‘安吉拉’(Angela)、‘芭蕾舞女’(Baller)、‘玛丽玫瑰’(Mary Rose)、‘科妮莉亚’(Cornelia)、‘红色龙沙宝石’(Rouge Pierre de Ronsard)、‘白色龙沙宝石’(Blanc Pierre de Ronsard)、‘鸡尾酒’(Cocktail)、‘达芬奇’(Léonardo da Vinci)、‘桃子糖果’(Peche Bonbons)

3·4月 珍惜新芽

新芽的末端能开花。这个时期，让它们享有充分日照，更易结花苞

3·4月的藤本月季

新芽渐渐伸展，随着气温上升一口气长得好高。和煦的春风吹动着水灵灵的新芽，让人看着雀跃不已。叶片也在一点点长大，到了樱花盛开的季节，就能见到新枝上的花苞了。对于单季开花的藤本月季来说，距离一年一度的花季盛典，还有一点时间。不要再摆弄它们了，静静地等待花开吧。

通过中耕、除草、追肥来促进萌芽

3·4月要确认这些内容

美乐棵家庭园艺颗粒控释肥：养分释放量可根据植物需求自动调节，包膜保护养分不被淋洗，每天持续释放。

● 进行中耕、除草、追肥

将板结的土表轻轻敲碎，可以改善排水性和通透性，促进根系发育(中耕)。拔除杂草(除草)。为了更好地促进新芽萌发，在植株周围施放规定剂量的固体肥料，和表土混合浅埋。

3·4月的养护

浇水

轻挖盆土表面，如果发现里面也干了，就浇透。

如果放置在可以淋到雨的场所，几乎不需要浇水。

追肥

3月，在植株周围施放规定剂量的固体肥料，和表土混合浅埋。

4月，盆栽月季可根据生长情况施以液体肥料。

病虫害对策 强化月

以蚜虫▷P65、P97和白粉病▷P64、P99为首的一大波病虫害骤然增加，尽早喷施药剂防止扩大化。

其他

防范霜冻。

除草、中耕、梳芽。

* 温习多季节开花灌木月季的3月作业▷P60、P61，温习4月的操作请参考▷P62、P63。

常见虫害及处理方法

介绍几种月季常见的害虫特征及处理方法。
幼虫和成虫的出现时期及受害部位不同、防治措施也不同。

蚜虫 4～11月

从初春开始，聚集在嫩芽、花蕾、新叶等部位吸食汁液。能成为病毒的媒介，排泄物能引发煤污病。

➡早期可捉捕或喷施药剂▷P65

聚集寄生在新芽等幼嫩部位

天牛 6～8月

成虫啃食新枝的表皮。主要产卵在植株底部，幼虫蛀食枝干。如果在植物底部发现木屑或排泄物就说明有幼虫▷P32。

➡成虫可捕杀。幼虫可用铁丝等插入基部的孔洞中刺死，或者钩出。

啃食新枝的马拉白星天牛成虫

枝干中的幼虫

Y.Uezumi

黄刺蛾 7～10月

多见于高温干燥的夏、秋季。啃食坚硬的叶片。刺毛具有毒性。

➡聚集的幼虫可采取剪掉其附着叶片的方式，或者喷施药剂。

H.Nemoto

幼虫的刺毛具有毒性，不可触摸

附着在月季茎干的虫茧

H.Nemoto

金龟子 5～9月（成虫）、8～11月（幼虫）

成虫啃食花的内部和叶片，种类不同症状不一。幼虫啃食根部，造成植株长势衰弱。

➡成虫可直接捕杀或用专门的捕虫器诱杀▷P15。幼虫采取挖土方式捕杀▷P35。

幼虫藏于土中啃食根部

啃食花的成虫

玫瑰轮盾介壳虫 全年

主要由光照欠佳、通风不良诱发。聚集在枝干吸食汁液。

➡可以使用旧牙刷等刮下▷P51 或是在枝条侧面喷洒药剂。

Y.Kusama

正在枝条上的成虫和幼虫

藏于主干的树皮下越冬。可用牙刷等刮落，或者喷洒药剂

蓟马 5～10月

体长1～2mm，侵入花、蕾和叶片上吸食汁液，造成花瓣有斑点、不开花、叶片卷曲。一朵花里可聚集数百只。有的种类只吸食叶片的汁液。会诱发灰霉病。

➡处理花瓣▷P16、P33。喷施药剂。

被吸食汁液的花蕾

被吸食汁液导致卷曲的叶片

棉铃虫 9～10月

幼虫从花蕾侧面挖洞，钻蛀内部。

➡发现花蕾上有黑色或白色的小颗粒（虫卵）就要及时捏碎或刮落▷P34。将幼虫钩出捕杀。

幼虫

象鼻虫 5～6月、9月

（玫瑰香小象鼻虫）啃食新芽和花蕾并在上面产卵，造成芽尖和蕾尖枯萎。

➡掉落的花蕾和无法开放的花蕾中藏有幼虫，要进行清除▷P65。

成虫

Y.Kusama

常见虫害及处理方法

玫瑰三节叶蜂 4～11月

成虫在枝条上产卵，孵化出的幼虫啃食叶片。

➡可将产卵中的成虫和聚集附着在叶片上的幼虫一起处理掉。产在枝条上的虫卵可用牙签戳破或连枝剪除。还可喷施药剂▷P65。

产卵中的成虫

成群啃食叶片的幼虫

在枝干的伤口处见到虫卵，可用牙签排除

玫瑰巾夜蛾 6～10月

略微呈现灰色的幼虫，啃食尖端部位的新叶。长大的幼虫白天休憩在基部和枝干上。

➡一经发现要及时捕杀，或喷施药剂。

幼虫

红蜘蛛 5～11月

亦称叶螨。成虫、幼虫皆能吸食叶片汁液。受害的叶片会泛白。

➡由于红蜘蛛怕水，可以在叶片背部喷水进行预防。摘除受害的叶片，喷施药剂▷P34。

被吸食汁失绿黄弱的叶片

甘蓝夜虫 4～11月

甘蓝夜蛾的幼虫。根据种类不同特征各异。主要啃食叶片、花蕾、花等柔嫩的部位。

➡一经发现要及时捕杀，喷施药剂。

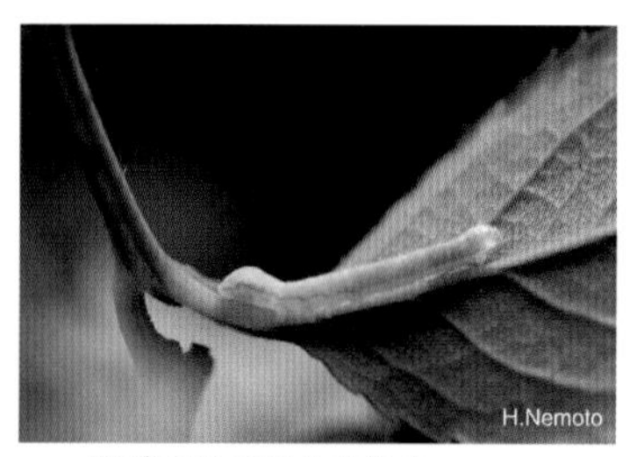

附着在月季叶片的幼虫

抑制病虫害爆发的诀窍

1 在较为干燥的环境下种植

白粉病、黑斑病、灰霉病并称为月季的“三大病害”，都可以通过减少途中的水分量来抑制病害蔓延。此外，在较为干燥的环境下培育的话，叶片会变得比较坚硬，不易被害虫啃食。地栽和盆栽的月季浇水原则都是见干见湿，采用松弛有度的浇水原则。

2 通过合理使用药剂，减少农药的使用

有些人非常介意使用农药，导致因为病虫害扩大反而施用更多药剂的情况。这和人一旦发热就赶紧就医服药，会更快治愈是一个道理。月季的病虫害早期症状较轻的时候可以通过合理喷施药剂，以减少施用量和施用次数。特别是病虫害防治加强期间的3~4月、6月、9月、12月，要仔细观察、尽早发觉。

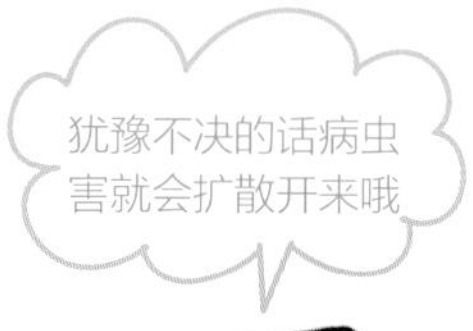

药剂的稀释和喷洒方法

将规定剂量的药剂稀释于水中，装入小型的喷雾器中喷洒。

1 将所需的水量装入喷雾器中，再加入药剂。

2 用木棒等搅拌至充分溶解。

3 喷洒在病虫害发生的部位。

常见病害及处理方法

介绍常见月季病害的特征及处理方法。发生早期通过采取正确的措施，防止病害蔓延，应先下手为强。

白粉病　4～6月、9～10月

在空气湿度较低的时期，发生于新芽、花蕾、花朵直径、嫩叶等，受害部位布满白色粉末（细菌）。

➡严防过度潮湿。擦除受害部位上的粉末或剪除受害部分。还可喷洒药剂▷P64。

暴发在花梗上的白色细菌（病原菌）

灰霉病　3～5月、8～12月

多见于昼夜温差大的时期。花蕾上附着灰色菌点，花瓣上出现红色斑点，降低观赏价值。

➡摘除被感染的花和叶片。喷施药剂。

被感染的花瓣和叶片会成为传染源，要及时清理

受害花瓣上出现的红色斑点（病斑）

黑斑病　6～9月

多雨季节容易发病。病原菌在长新叶时入侵，等到叶片发育成熟后发病。冬季，病菌在芽梢、落叶上休眠越冬。发病时叶片出现黑色斑点，变黄凋落。

➡运用护根法防止泥土喷溅。症状较轻时摘除病叶、清理落叶。病害扩散时喷施药剂▷P14、P64。

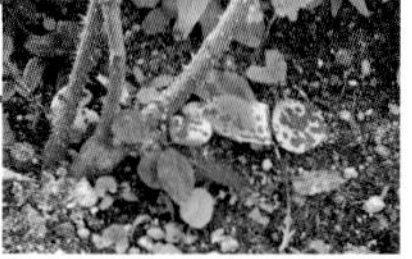

清除掉落的病叶防止感染

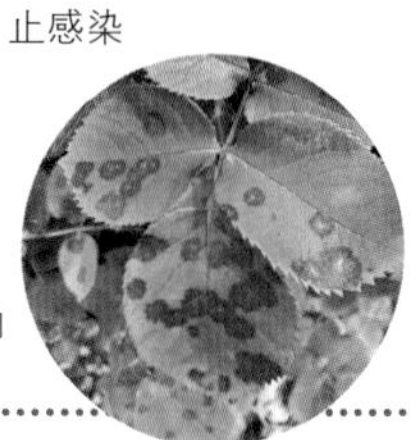

叶片上出现的黑色斑点（病斑）

霜霉病　4～6月、9～11月

多发于过度潮湿的环境。在叶、茎、花瓣上发病。会造成病叶掉落。

➡注意通风，严防过度潮湿。将落下的叶片清理干净，喷施药剂。

被害叶片上出现的褐色病斑

推荐月季药剂

月季病虫害推荐药剂

噻虫胺·甲氰菊酯·嘧菌胺水溶剂

有效杀灭月季的蚜虫、象鼻虫、红蜘蛛、白粉病、黑斑病等。手持喷雾型简单便利。

啶虫脒·吡噻菌胺水溶剂

对月季的蚜虫、白粉病起效。手持喷雾设计可直接喷洒。含杀菌成分，可以杀死对一般药剂产生抗药性的细菌。

对病菌起效的杀菌剂

氟醚唑液剂

对月季的白粉病、黑星病有效。可以用水稀释再进行喷施。具有渗透转移性，能深入叶片，不用担心会在叶面留下药斑。

苯菌灵水溶剂

对月季的白粉病、黑星病起效。粉末状，可以用水稀释再进行喷施。具有渗透转移性，能起到预防和治疗的作用。

对病虫害有效的杀虫灭菌剂

吡虫啉粒剂

对月季的蚜虫类起效。散播在根部，或是在定植时混合在土里即可。没有太大气味，是使用简单的颗粒型药剂。

索引（按类别）

多季节开花灌木月季的栽培方法Q&A

开花

生长

移栽·定植

花后修剪

夏季修剪

冬季修剪

越夏

越冬

图书在版编目（C I P）数据

月季四季栽培Q&A /（日）小山内健著 ; 光合作用译. -- 长沙 : 湖南科学技术出版社，2018.5（2020.8重印）

ISBN 978-7-5357-9347-8

Ⅰ. ①月… Ⅱ. ①小… ②冯… Ⅲ. ①月季－观赏园艺－问题解答 Ⅳ. ①S685.12-44

中国版本图书馆CIP数据核字(2017)第164477号

YUEJI SIJI ZAIPEI Q&A
月季四季栽培Q&A
著　　者：[日]小山内健
译　　者：光合作用
责任编辑：杨 旻 李 霞
出版发行：湖南科学技术出版社
社　　址：长沙市湘雅路276号
http://www.hnstp.com
湖南科学技术出版社天猫旗舰店网址：
http://hnkjcbs.tmall.com
邮购联系：本社直销科 0731-84375808
印　　刷：湖南省汇昌印务有限公司
（印装质量问题请直接与本厂联系）
厂　　址：长沙市开福区东风路福乐巷45号
邮　　编：410003
版　　次：2018年5月第1版
印　　次：2020年8月第4次印刷
开　　本：889mm×1194mm 1/16
印　　张：7
字　　数：178000
书　　号：ISBN 978-7-5357-9347-8
定　　价：48.00元